电磁协同理论与方法

唐晓斌 汪月清 黄 帅 张 帅 著

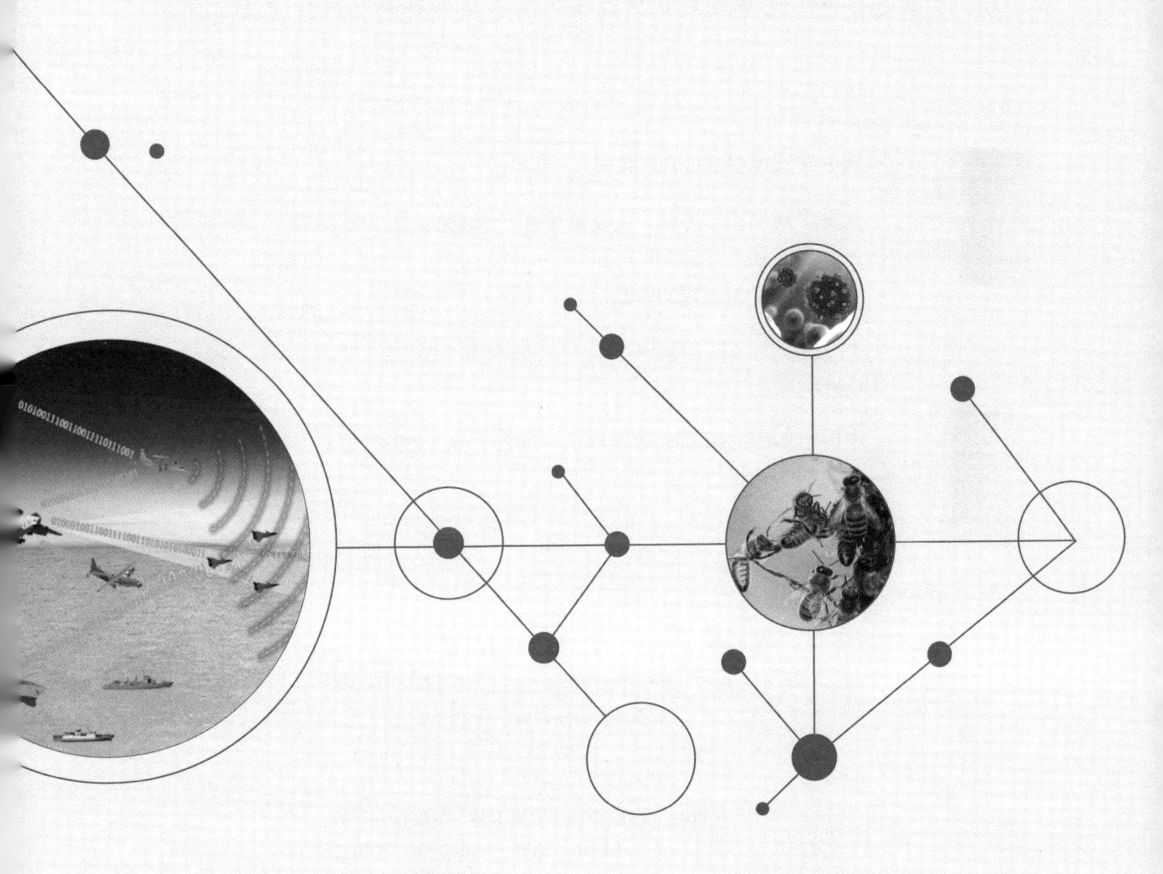

国防工业出版社

·北京·

内 容 简 介

本书讲述了电磁协同理论及其实现方法，主要内容包括电磁协同效应、电磁协同驱动原理、电磁协同中的自组织架构、电磁协同计算方法与电磁协同计算平台的构建、辐射和散射测量中的协同测算方法、“场–路”问题中的协同测算方法、电磁协同控制方法等。重点介绍了通过准确预测系统复杂电磁环境效应进行多功能系统电磁资源协同控制的方法。

本书将协同理论与电磁学相结合，必将助力电磁理论的发展，并对解决电磁领域的问题具有启迪意义，提供了新的思维模式和理论视角。

本书适合电磁场专业及从事电子信息系统设计的工程技术人员阅读。

图书在版编目（CIP）数据

电磁协同理论与方法 / 唐晓斌等著. —北京：国防工业出版社，2022.10

ISBN 978-7-118-12699-0

Ⅰ. ①电… Ⅱ. ①唐… Ⅲ. ①电磁理论 Ⅳ. ①O441

中国版本图书馆 CIP 数据核字（2022）第 192959 号

※

国防工业出版社 出版发行

（北京市海淀区紫竹院南路 23 号 邮政编码 100048）

北京龙世杰印刷有限公司印刷

新华书店经售

*

开本 710×1000 1/16 **印张** 11½ **字数** 205 千字

2022 年 10 月第 1 版第 1 次印刷 **印数** 1—2000 册 **定价** 158.00 元

国防书店：(010) 88540777 书店传真：(010) 88540776

发行业务：(010) 88540717 发行传真：(010) 88540762

前言

电磁协同理论与方法是一门综合性前沿学科，电磁协同涉及电磁学、电子学、信息科学、系统科学等多学科，是电磁领域复杂的科学难题。电磁协同理论通过电磁学解释物理层电磁环境对功能系统的作用机理，推演分析电磁资源的作用效果；通过电子学建立起系统能力从信息层到物理层的映射，实现信息层功能和性能指标对物理层资源需求的牵引；通过信息科学将通信信道复用技术与电磁波特性相结合，探索提高电磁资源利用率的有效途径；通过系统科学揭示复杂系统中电磁环境的作用本质，形成面向系统能力的电磁资源协同控制方法。电磁协同关系到信息化装备的整体效能能否有效发挥，关系到网络信息体系能否高效运行，关系到联合作战系统能否攻防兼备、一击制胜。因此，如何进行电磁协同已经成为现代电磁领域的首要任务。

随着世界范围内信息化与社会各个领域的深度融合，射频电子设备种类与数量激增，信息系统的综合集成度越来越高，网络信息体系所处的电磁环境日益复杂化，电磁环境效应也从单一形式的作用结果转向多类型多途径共同影响的结果。能否在正确预测电磁环境的基础上对电磁资源统筹规划，进行有效的电磁协同控制，进而最大程度地提高电磁资源利用率，发挥体系最大效能，已经成为打赢信息化战争至关重要的因素。

为了使广大读者对体系电磁协同有一个全面与系统的了解，本书作者以多年来在型号研制与工程实践中取得的研究成果加之个人的认知与体会，介绍了电磁协同理论中的电磁协同效应、电磁协同驱动原理、自组织架构，以及电磁协同方法中的电磁协同计算、电磁协同测算、电磁协同控制等内容。重点介绍了通过准确预测系统复杂电磁环境效应进行多功能系统电磁资源协同控制，从而实现体系高效、稳定、有序运行的方法。

本书以技术理论为主，较为系统、全面地讲述了电磁协同理论及其实现方法，全书共有五章，各章之间既相互联系又相对独立，读者可根据需要选读或通读。第一章介绍了将经典协同理论扩展到电磁领域，引申出电磁协同理论的思想，并概述了电磁协同的“三要素”及实现方法；第二章具体阐述电磁协同理论所涉及的基本概念，包括电磁协同效应、协同驱动原理、电磁域自组织架构与分析实例。第三章至第五章主要介绍电磁协同的实现方法，其中，第三章详细介绍了基于传统电磁数值算法发展而来的电磁算法协同的具体方法，包括区域分解有限元法并行电磁计算、矩量法并行电磁计算、时域有限差分法并行电磁计算、高频近似算法并行电磁计算以及不同算法之间的协同计算，并介绍了计算资源协同的具体方法以及电磁协同计算平台的实现；第四章介绍了将电磁测试与电磁计算相结合的电磁协同测算方法，重点介绍了近场测量技术，尤其是“数字吸波”技术所涉及的协同测算原理、协同测算方法及实例，并介绍了“场-路”问题中的协同测算方法；第五章主要介绍电磁协同控制所涉及的空域、时域、频域协同控制模型、协同控制方法及应用实例。

本书的出版是上级机关、各军兵种、相关院所以及作者所在单位各位同仁共同支持的结果，尤其是课题组的专家与同事们都给予了无私的帮助，在此作者表示万分感激。另外，书中还引用了国内外有关学者的部分研究结论，在此一并衷心感谢！

该书把协同理论引入电磁领域研究，为该领域的研究提供了新的思维模式和理论视角。但是，由于电磁协同是一门在实践和运用中不断发展的学科，加之作者水平有限，书中所述观点与研究体会难免存在瑕疵，恳请广大读者批评指正。

唐晓斌

2022 年 6 月

目 录

第一章

01 绪 论

1.1 引言

科学研究的对象是客观物质世界。在物理学的长期发展中，人们将所研究的客观物质世界分为宏观世界、中观世界和微观世界。以“光年”尺度计量的世界称为宏观世界，即星系、宇宙等；以“纳米”尺度计量的世界称为微观世界，微观世界通常是指细菌、病毒等微生物和分子、原子等粒子层面的物质世界；以“米”尺度计量的世界称为中观世界，是一个地表级的世界，也就是人类日常生活所接触到的世界，其物质聚集状态完全不同于宏观世界与微观世界。

在中观世界中，有一些不可见的力量，比如电场、磁场等。对人类社会影响深远的数理方程——麦克斯韦（Maxwell）方程组（式（1－1）），完美地将电场和磁场统一为一个整体，揭示了电磁波的内涵。

$$
\begin{cases}
\oint_l \boldsymbol{H} \cdot \mathrm{d}\boldsymbol{l} = \int_S \left(\boldsymbol{J} + \dfrac{\partial \boldsymbol{D}}{\partial t}\right) \cdot \mathrm{d}\boldsymbol{S} \\
\oint_l \boldsymbol{E} \cdot \mathrm{d}\boldsymbol{l} = -\int_S \dfrac{\partial \boldsymbol{B}}{\partial t} \cdot \mathrm{d}\boldsymbol{S} \\
\int_S \boldsymbol{D} \cdot \mathrm{d}\boldsymbol{S} = \int_\tau \rho \mathrm{d}\tau \\
\int_S \boldsymbol{B} \cdot \mathrm{d}\boldsymbol{S} = 0
\end{cases}
\tag{1-1}
$$

自1888年德国物理学家赫兹通过电火花实验证实电磁波的存在之后，电磁波便开始影响人类社会。从起初的电报、无线电话，到现代社会的雷达、通信、导航、遥测遥控等，电磁波渗透到社会运行的方方面面，成为目前生活中最为重要的信息载体，人们需要依托电磁波完成各种工作任务。

随着5G、物联网、自动驾驶、电子装备等技术的进步，社会中聚合运行的电磁波越来越密集，相互作用越来越明显，致使电磁效应成为影响信息世界的关键因素。例如，在某些电磁效应下，自动驾驶系统出现导航偏移、操作系统失稳，飞行器出现航向不准、显示错误，雷达探测距离下降、跟踪位置偏移，火工品出现引信误启动，等等。为避免这些非预期效应，即使明确了某体系由哪些功能设备组成，依然要弄明白各个组成部分如何依赖于电磁环境进行协同作用、相互牵引控制，才能使该体系由无序运行状态演化为有序运行状态。

在民用领域，移动通信由1G发展到6G，每一代通信都伴随着资源扩张与终端扩增，移动通信发展进程如图1-1所示。从移动模拟语音业务、数字语音与文本传输业务、多媒体应用、高速移动互联、智慧应用与万物移动互联，到万物智联、数字孪生、沉浸体验与全域覆盖，发展需求牵引着技术革新，即提高资源利用率以实现低延时、高速率、合理调配、运算能力升级等。

在军用领域，高集成度体系化应用的电子信息系统如图1-2所示。随着多功能电子信息系统在高度集成条件下的体系化应用，一方面，战场作战方式由单兵作战变为多兵种多功能协同作战，并且引入大量无人装备，每平方千米的装备数量激增，战场信号密度每10年增大2~3倍，导致战场对电磁资源的需求剧增！另一方面，为了提高作战效率，对装备能力提出了越来越高的要求，包括网络化、多功能、小型化、捷变频、自适应等。其中，网络化

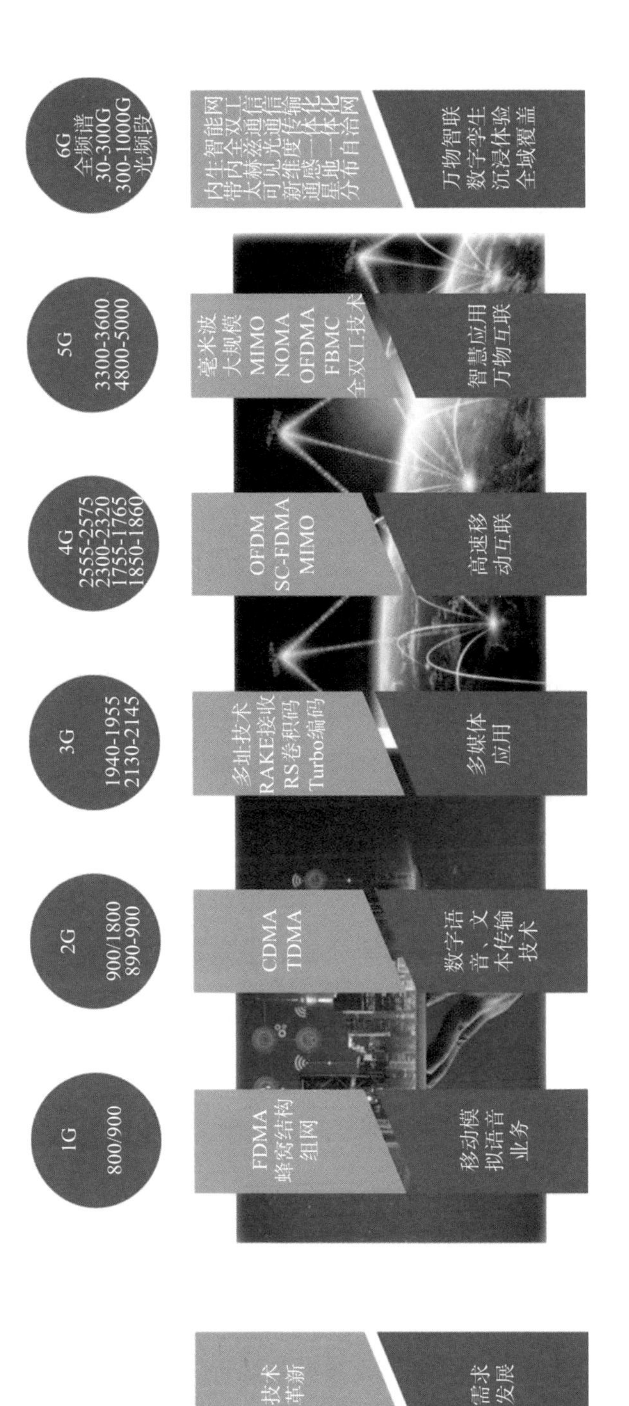

图1-1　移动通信发展进程

要求决定了系统整体可占用电磁资源的有限性；多功能、小型化要求决定了系统内部对电磁资源需求的多样性；捷变性、自适应要求则决定了系统中单一任务对电磁资源需求的宽广性。以上要求均凸显了电磁资源的供需矛盾！

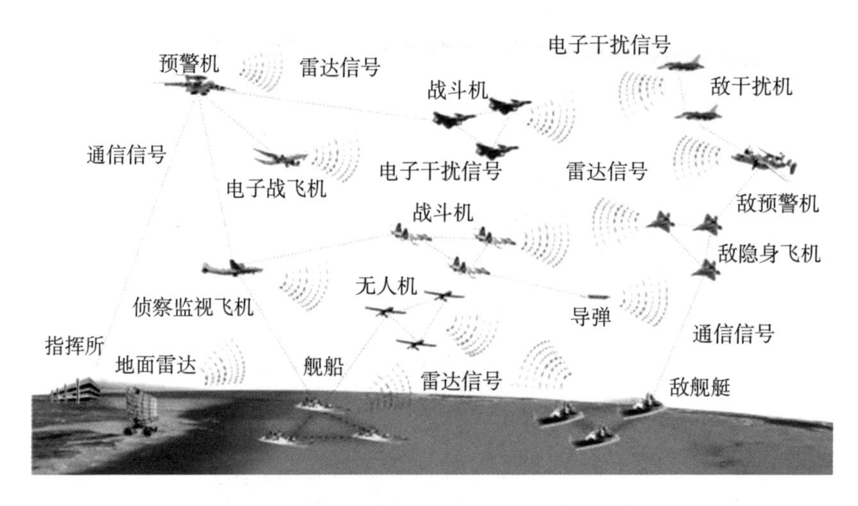

图1-2 高集成度体系化应用的电子信息系统

鉴于以上原因，电磁资源对系统能力呈现出越来越明显的制衡作用。因此，实现电磁资源高效利用已经成为有效发挥信息化装备能力的核心所在，是保障网络信息体系高效运行的基础，也是研究电磁环境效应的工作目标。而实现电磁资源高效利用的挑战在于在空间、时间和频率资源的严苛限制下保证多功能单元有序工作，需要在空域、时域、频域多个维度对电磁环境效应进行协同控制，涉及电磁学、电子学、信息科学、系统科学等多学科，是本领域复杂的科学难题。

多年来，常规做法是功能设备（单元）占用固定的电磁资源，但由于电磁资源的排他性，固定占用电磁资源使得电磁资源利用率低下，不符合未来发展需求，以致其成为制约信息世界有序高效运行的瓶颈。针对这一问题，本书提出了电磁协同理论与方法，以电磁协同为手段，在“空”“时”“频”

多维对电磁环境效应进行协同控制，提高电磁资源利用率，从而达到网络信息体系有序运行的最佳状态。

1.2 协同理论

电磁协同的概念受启发于德国斯图加特大学教授、著名物理学家赫尔曼·哈肯（Hermann Haken）所创立的协同理论（Synergetics）。协同理论是20世纪70年代以来在多学科研究基础上逐渐形成和发展起来的一门新兴学科，是系统科学的重要分支理论。赫尔曼·哈肯于1971年提出协同的概念，1976年系统地论述了协同理论，发表了《协同学导论》《高等协同学》等。

协同理论是近十几年来获得发展并广泛应用的综合性学科，它研究了从自然界到人类社会各种系统的发展演变，并探讨其转变所遵守的共同规律。

在自然界，尤其是动物界和植物界，常以形态的繁多、结构的精致，以及结构中各组成部分之间巧妙的协作，使人们惊叹不已。自然界中通过个体有序协同而产生整体力量的例子有很多，例如超导现象。普通金属中的电子运动杂乱无章（图1-3），而超导过程就是一种微观有序协同的状态，金属中的电子总是成对地在晶体中运动（图1-4），这些成对的电子自身又处于一种严格有序的运动状态，从而能抵抗晶体原子的阻挡作用。再如蜂巢内蜜蜂的协同分工，如图1-5所示，工蜂通过相互协作，能够完成蜂巢内温度调节、群体防御、合作采摘、筑巢加固、自然分蜂和相互饲喂等群体工作。雄蜂通过有序竞争实现与蜂王的交尾，延续蜂巢的种群生命力。蜂王通过“蜂王信息素”来维持蜂群的秩序，工蜂则通过“蜂王信息素”来感知蜂王的指令。如果蜂王不在，经过几十分钟，蜂群中工作秩序就会受到严重的影响，工蜂就会焦躁不安，这时只要给失去蜂王的蜂群诱导加入一只蜂王或王台，蜂群的骚动不安就会很快改变，恢复正常活动。这里蜂王的作用犹如中控的协同指挥台，通过协同指令下发第一级协同命令，使得蜂群有序工作。

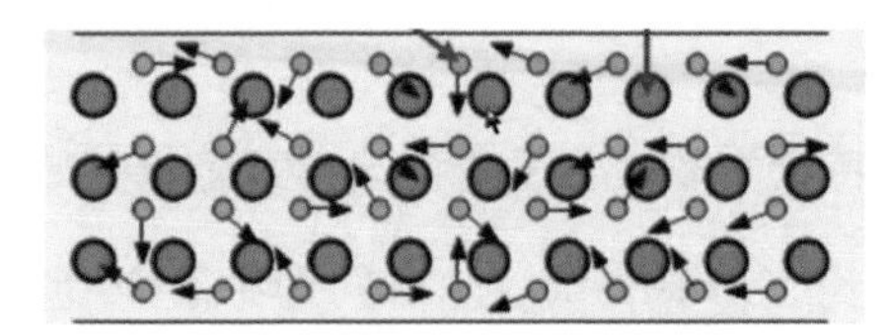

图 1-3 普通金属中的电子运动

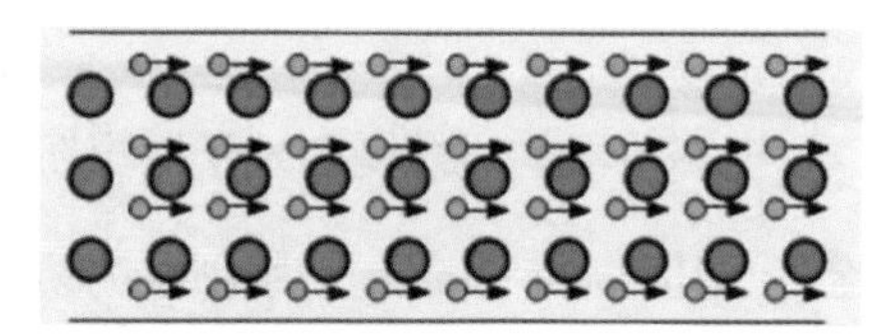

图 1-4 超导金属中的电子运动

图 1-5 蜜蜂的协同分工

又如免疫现象（图 1-6)、鱼类集群现象（图 1-7)、宇宙天体运行（图 1-8)，等等，都表明微观世界、中观世界与宏观世界在协同和有序上高度相似。

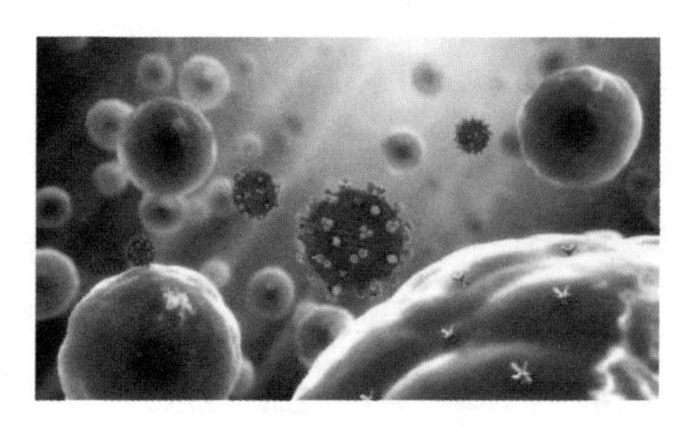

图 1-6 微观世界——免疫现象

图 1-7　中观世界——鱼类集群现象

图 1-8　宏观世界——宇宙天体运行

通过自然界中广泛存在的各个有机物种、无机物质的协同可以看出，个体通过协同，能够使有机物种群实现种族的强大化，使无机物质整体出现超物理特性。不同个体本身的能力为一个通用化的基本单元，个体无论是功能还是性能都相对较为单一，但通过协同配合能够按需完成群体或整体的功能提升。大自然能有序运转，人类信息社会应学习大自然，形成协同有序的状态。

举个简单的例子，一个得到一架遥控飞机的小孩，他想知道为什么飞机可以展翅高空，于是他把遥控飞机拆成各个零部件。但我们往往会看到孩子坐在一堆零部件面前哭泣，因为他还不知道如何将它们重新组装成一个整体，一个有意义的整体。因此，很容易体会到一句箴言的要义：整体大于部分的总和。正如歌德所说："部分已在我掌中，所惜仍欠精神连锁"。宇宙中任何存在的事物都是相互联系、相互影响的，没有任何东西可以孤立存在。

受此启发，科学家也更为关注复杂群体或整体能够完成高精尖行为的源泉，即个人如何统配完成高级工作。应用协同理论可以把已经取得的研究成果类比拓宽至其他学科，为探索未知领域提供有效的手段，还可以用于找出影响系统变化的控制因素，进而发挥体系内子系统间的协同作用。

1.2.1 协同理论概述

协同理论主要研究开放系统在与外界有物质和能量交换的情况下，如何通过内部协同作用，自发地出现时间、空间和功能上的有序结构。协同理论以现代科学的最新成果——系统论、信息论、控制论、突变论等为基础，采用统计学和动力学相结合的方法，通过对不同领域的分析，提出了多维相空间理论，建立了一整套数学模型和处理方案，在微观到宏观的过渡上，描述了各种系统和现象中从无序到有序转变的共同规律。

由于协同理论把它的研究领域扩展到许多学科，并且试图对似乎完全不同的学科之间增进"相互了解"和"相互促进"，因此，协同理论成为软科学研究的重要工具和方法。协同理论具有广阔的应用范围，它在物理学、化学、生物学、天文学、经济学、社会学以及管理科学等许多方面都取得了重要的应用成果。比如针对合作效应和组织现象能够解决一些系统的复杂性问题，可以应用协同理论建立一个协调的组织系统以实现工作的目标。

自然，协同理论的领域与许多学科有关，它的一些理论是建立在多学科联系的基础之上的，因此协同理论的发展与许多学科的发展紧密相关，并且正在形成自己的跨学科框架。协同理论还是一门很年轻的学科，虽然它已经取得许多重大应用型研究成果，但有时所应用的还只是一些定性的现象，处理方法也较为粗糙。尽管如此，协同理论的出现是现代系统思想的发展，它为处理复杂问题提供了新的思路。

1.2.2 协同理论的主要内容

协同理论的主要内容可以概括为三个方面：协同效应、伺服原理、自组织原理。

协同效应是指由于协同作用而产生的结果，对千差万别的自然系统或社会系统而言，均存在着协同作用。协同作用是系统有序结构形成的内驱力。任何复杂系统，当在外来能量的作用下或物质的聚集态达到某种临界值时，子系统之间就会产生协同作用。这种协同作用能使系统在临界点发生质变而产生协同效应，使系统从无序变为有序，从混沌中产生某种稳定结构。

伺服原理即快变量服从慢变量，序参量支配子系统行为。哈肯在协同理论中描述了系统在临界点附近的行为，阐述了慢变量支配原则和序参量概念，认为序参量控制事物的演化，并决定演化的最终结果和有序程度。

序参量是协同理论的核心概念，是指在系统演化过程中从无到有地变化，影响着系统各要素由一种相变状态转化为另一种相变状态的集体协同行为，并能指示出新结构形成的参量。序参量的大小可以用来标志宏观有序的程度：当系统无序时，序参量为零；当外界条件变化时，序参量也变化；当到达临界点时，序参量增长到最大，此时出现了一种宏观有序的有组织的结构。

不同的系统序参量的物理意义也不同。比如，在激光系统中，光强度就是序参量；在化学反应中，取浓度或粒子数为序参量；在社会学和管理学中，为了描述宏观量，采用测验、调研或投票表决等方式来反映对某项意见的反对或赞同，此时，反对或赞同的人数就可作为序参量。

伺服原理从系统内部稳定因素和不稳定因素间的相互作用方面描述了系

统的自组织过程。其实质在于规定了临界点上系统的简化原则——“快速衰减组态被迫跟随于缓慢增长的组态”，即系统在接近不稳定点或临界点时，系统的动力学和突现结构通常由少数几个集体变量即序参量决定，而系统其他变量的行为则由这些序参量支配或规定。正如协同学的创始人哈肯所说，序参量以“雪崩”之势席卷整个系统，掌控全局，主宰系统演化的整个过程。

自组织是相对于他组织而言的。他组织是指组织指令和组织能力来自系统外部，而自组织则指系统在没有外部指令的条件下，其内部子系统之间能够按照某种规则自动形成一定的结构或功能，具有内在性和自生性特点。

自组织原理解释了在一定的外部能量流、信息流和物质流输入的条件下，系统会通过大量子系统之间的协同作用而形成新的时间、空间或功能有序结构。任何系统如果缺乏与外界环境进行物质、能量和信息的交流，其本身就会处于孤立或封闭状态。在这种封闭状态下，无论系统初始状态如何，最终都将破坏其内部的有序结构，呈现出一片“死寂”的景象。因此，系统只有与外界通过不断的物质、能量和信息的交流，才能维持其生命，使系统向有序化方向发展。

1.2.3 协同的必要性

协同是现代社会发展的必然要求，其意义在于两个方面：一方面，多个个体通过相互的协同激发更大的能量，从而完成个体无法完成的工作，这也就是协同强于孤立；另一方面，多个整体均可以独立完成某项工作，通过相互协同提升工作效率，这也就是协同快于孤立。

系统能否发挥协同效应是由系统内部各子系统的协同作用决定的，协同得越好，系统的整体性功能就越强大。如果一个系统内各子系统内部以及它们之间相互协调配合，围绕目标齐心协力运作，那么就能产生 1+1>2 的协同效应。反之，如果一个系统内部相互掣肘、离散、冲突或摩擦，就会造成整个系统内耗增加，系统内各子系统难以发挥其应有的功能，致使整个系统陷于一种混乱无序的状态。

1.3 电磁协同

由于协同理论属于自组织理论的范畴，其使命并不仅仅是发现自然界中的一般规律，而且还在无生命自然界与有生命自然界之间架起了一道桥梁。协同理论致力于发现无生命自然界与有生命自然界中存在的共同本质规律。以下两点证明了这一理想的可能性：一是在有生命自然界中，所有的系统都是开放系统；二是在系统演化的过程中，哪种结构得以实现，取决于各个集体的运动形式。从协同理论的应用范围来看，它正广泛用于各种不同系统的自组织现象的分析、建模、预测以及决策等过程中。

电子科学与生物科学虽然隶属于两个不同的学科，但从二者表象上看也存在一致性，在传承和变革的问题上也出现了类似的特点。从研究角度，电子信息发展史与生物发展史相比，生物发展史由于研究时间较长、投入人数和相关配套研究较多，所以发展较完备，而且已经找到了令大多数人都信服的规律——进化论与协同学。鉴于此，可将这套相对成熟的理论进行推广，移植到相对研究时间较短、投入人数较少的电子信息发展史上，想必会起到深入浅出、事半功倍的效果。

信息科学是 21 世纪以来发展最为迅速的领域——进入认知科学的领域。所有信息交互的过程都有一个基本的定式，产生并发送消息的源和应当能够接收和“理解”消息的目标体。一条消息或者命令的目的总是期待目标体有相应的回应，要么是根据此信息做某种处理，要么是能够存储这条信息为将来所用。这类信息即“实用信息”。它对目标体意味着实用存在，即前面所提到的“理解”，这就是认知领域的重要代表，而认知则是在协同的条件下，形成的先验结果。因此信息科学能够发展迅速的原因在于协同在信息领域的体现：能够形成认知结果，加速或完成更为复杂的功能，人工智能就是最为完美的体现。

例如，在生活中，以往家用电器只需要完成自己的使命即可，比如热水器只负责烧水，电视机只负责播放节目，电饭锅只需要将米饭煮熟。但是随着智能化时代的到来，这些基本功能都与智能化、网络化相结合，完成一些组合动作，如图 1-9 所示的智能家居：主人回家开门后，门锁告知信息中心主人回家，电饭锅、热水器接到指令开始煮饭烧水，电视自动打开调整到主人喜欢的频道，这一系列的功能均依托电磁域（电磁波为载体）资源协同分配。如果各个电器在 WiFi 终端没有合理的资源划分，势必造成指挥的混乱，发出的指令无法让电器明白认知到自己需要完成的工作。

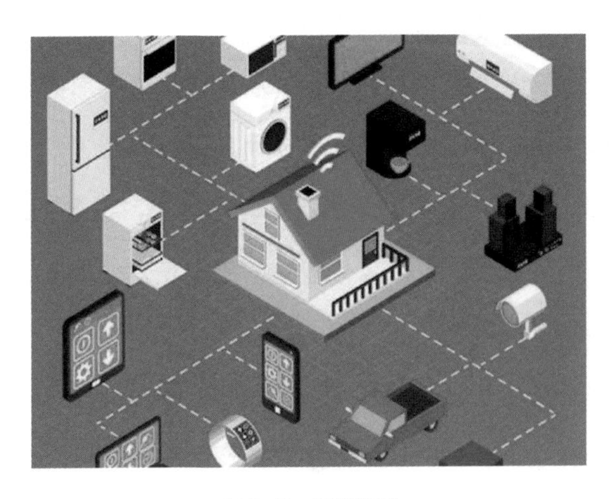

图 1-9 智能家居

因此，协同理论作为一门研究完全不同学科中共同存在的本质特征为目的的系统理论，其普适性是显而易见的。正是它的这种普适性，使它可以与电磁学相结合，为电磁理论的发展注入新鲜的血液。

1.3.1　电磁协同的背景

由达尔文进化论可以看到，根据生存的需求，具有有利突变的物种容易在竞争中获胜而继续发展下去，突变定向地朝着一个方向积累，即为物种“进化”。自然界现存的生物体是通过长期的进化而演变过来的，在进化过程中淘汰对环境适应效率低的物种，选择对环境适应效率高的物种，进而使其得到充实。驱动大自然建立多样物种生态平衡的基础是宏观、中观和微观世界从混沌到稳定，而自然协同是自然界宏观、中观和微观世界从无序到有序的唯一手段。例如，天体运动可以看作宏观世界的协同，鱼群和蜂群的集群现象可以看作中观世界的协同，超导现象和免疫现象都可以看作微观世界的协同。

类比自然界的协同，在军事方面，武器装备是通过作战需求的变化而进化革新的，在革新过程中淘汰任务效率低的武器装备，选择任务效率高的武器装备，进而使其得到充实。根据任务需求，以任务成功率为牵引，对功能及装备逐步进行去除、保留、补充等操作以实现单一装备的“进化”。

然而无论单一装备如何“进化”都无法摆脱单机机载设备侦察能力有限、武器载荷有限、抗未知因素能力弱等短板。现阶段随着作战任务日趋多样，需要的传感器数量和种类不断增加，有限电磁资源下的单一装备功能越来越多，已经达到了物理极限，必须由单一装备向联合作战体系（图 1－10）进化，加快军事智能化发展，提高基于网络信息体系的联合作战能力和全域作战能力，使网络信息体系在作战能力上的得益最大。这就需要联合作战体系在电磁空间能够以协同的方式完成与敌攻防、与友合作的复杂作战目标，使联合作战体系的效能达到最大化，这就是协同大于加合的表现。

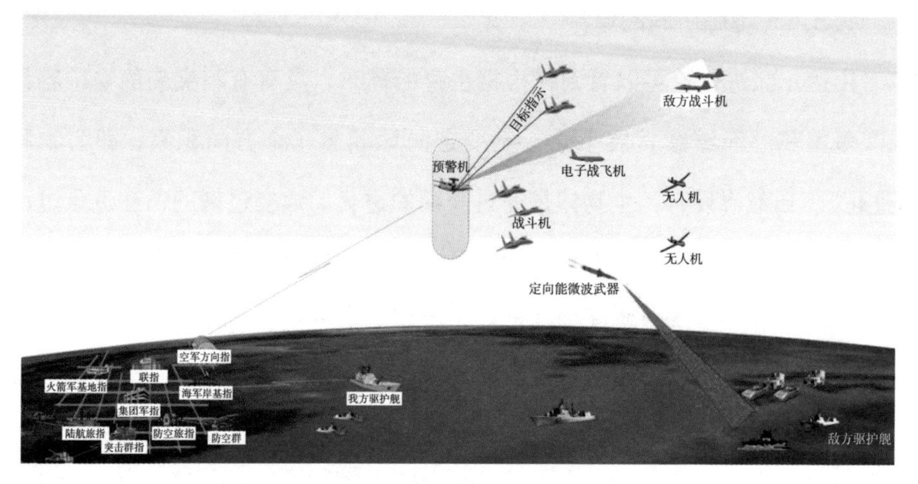

图 1-10 联合作战体系

在过去几十年，针对单一平台，常规做法是通过被动地进行电磁兼容性设计，采用滤波、屏蔽、接地等手段将干扰全部抑制掉，从而使平台上的设备正常运行互不干扰。而针对网络信息体系，由于某一装备对其他装备的干扰与自身的得益是对立统一的关系，自身得益越大势必造成对其他装备的干扰越大，因此不能采用传统“一刀切”的方式将干扰全部抑制掉。这种情况下通常采用频谱划分的方法，在设计的初始阶段做好每个装备的用频规划，不同的功能安排在不同的频段工作，避免各个设备在功能实现时出现用频冲突，导致性能降级甚至功能丧失。

如今，随着世界范围内信息化与社会各个领域的深度融合，电磁环境与体系能力的关系密不可分。一方面，投入使用的射频电子设备种类与数量的激增，使得民用空间和战场的电磁环境都变得十分复杂，例如，频谱资源越发拥挤，静态的频谱资源分配会造成资源利用率降低，这也是频谱划分带来的一大弊端。射频电子设备在这样的复杂电磁环境中工作，性能受到影响的途径多样、程度纷繁；另一方面，网络信息体系的综合程度越来越高，集成的功能越多，系统内各功能模块或子系统通过改造电磁环境对其他功能模块或子系统造成的潜在影响越大。因此，电磁资源的排他性严重制约了体系能力的提升，体系功能无法按预期全部实现，整个体系及其所在的电磁空间都处于一种无序状态。

围绕复杂电磁环境效应这一概念，美军率先开展了系统化的研究工作，并在其研究成果基础上建立起了相对完善、可操作性很强的军用标准体系，用以保障美军装备在实战中的环境适应性。参照美军的成功经验，我国在进入 21 世纪以来，也日渐重视电磁环境效应的研究工作。目前，在该概念涵盖的电磁兼容、电磁干扰、环境评估方法等方面已经取得了诸多研究成果，并在积极推动相关标准的建立。但是目前的研究与应用仍然存在一定局限性。

1） 概念的局限性

美国军用标准对电磁环境效应的定义为：电磁环境对于军队、设备、系统和平台作战能力所产生的影响；我国目前国家军用标准的对应定义为：电磁环境对电气电子系统、设备、装置的运行能力的影响。这种定义方式从概念上将电磁环境与设备/系统/平台分离对立。事实上，电磁环境的构成中，自然电磁环境是相对静态而不随技术发展或战场局势变化的，在一定的场景中其产生的影响可以作为一个固化的背景参数引入分析；真正左右现代战场电磁环境复杂性的，正是设备/系统/平台本身所产生的人为电磁环境。因此，需要概念上有所突破，能够体现出“设备/系统/平台→复杂电磁环境→设备/系统/平台”这一影响作用链。

2）研究对象的局限性

包括美国在内，目前世界范围内各国对电磁环境效应的研究主体都是电磁环境本身，通过归纳、预测、分析和评估等手段，确定电磁环境对系统内的各个设备/功能模块造成的危害。而研究电磁环境效应的初衷是为了系统能够适应复杂的电磁环境，进而在实战中表现出良好的性能。因此，以电磁环境为研究对象得到的研究结果在效果的体现上不具有直观性和系统综合性。这导致目前的研究虽然在认知电磁环境的方法和能力上取得了很多突破，但成果却难以直接贡献于网络信息体系能力的提升。

3）分析手法的局限性

目前，电磁环境效应的研究方法依靠测试、归纳和经验定性总结的程度依然较高，在此情况下，即便在系统的全寿命周期严格执行相关标准，仍然面临着对电磁环境无法随时掌握、灵活利用、有针对性调整的问题。因此急需建立一套宏观的数学分析体系，即系统能力与复杂电磁环境间的数学关系。

在此背景下，能否在正确分析电磁环境的基础上对电磁资源统筹规划，进行有效的电磁协同，已经成为现代电磁领域亟待解决的问题。通过电磁协同化被动为主动，提高电磁资源在中观世界的利用率，使网络信息体系在临界点发生质变，进而产生体系能力增强效应，由无序向有序转变。这既是网络信息体系高效有序运行的关键环节，也是打赢信息化战争至关重要的因素。

1.3.2 电磁协同的理论

中观世界中，承载电磁域探测、传输、控制等任务功能的空间资源、时间资源和频谱资源的集合统称为电磁资源。电磁资源利用率也就是在有限范围内对电磁资源的使用程度。

电磁资源是一种非消耗性资源，不存在再生和非再生的问题。但是电磁资源又是一种共享性资源，任何人或国家都能在一定的时间或者空间内“占用”频率，使用过后该频谱资源依然存在。电磁资源的共享性带来了非常明显的排他特性，某一用户将资源“占用”后，其他用户无法轻易同时使用，因此电磁资源的不当使用是一种严重的浪费。

电磁资源的有限性和排他性就像交通资源一样。如果汽车可以在马路上无规则行驶，那么再宽的马路都会水泄不通，致使整个交通瘫痪，陷入无序状态。因此需要制定交通规则，以保障整个交通体系的有序运行。

类似地，针对电磁资源所具有的强烈排他性，本书提出电磁协同理论，目的是通过有效的电磁协同，提高电磁资源利用率，增强网络信息体系运行的有序程度，实现整体大于部分总和的效果。其技术核心是在准确预测系统复杂电磁环境效应的基础上，进行多功能系统电磁资源的协同控制，保证有限电磁资源条件下多功能系统同时工作，实现多功能系统应对非预期电磁效应从“被动兼容”到“协同适应”的转变。这种对电磁资源的分配新技术即为电磁协同。

对应协同理论包含的三个方面：协同效应、伺服原理、自组织原理，电磁协同理论的主要研究内容可以分为：电磁协同效应、协同驱动原理、自组织协同三个部分。

1）电磁协同效应

根据协同理论，协同效应是复杂开放系统中大量子系统相互作用而产生的整体效应或集体效应。

对大量多功能系统构成的网络信息体系而言，均存在着电磁协同作用。电磁协同作用是形成体系整体功能最多、优势最大的这一稳定状态的内驱力。这种电磁协同作用能使系统在临界点发生质变，产生体系整体增强效应，这就是电磁协同效应，而产生该增强效应的前提是电磁资源的高效利用。因此，研究电磁协同的目的是提升电磁资源的利用率，终极目标是达到体系整体稳定有序的最佳状态。

2）协同驱动原理

虽然影响网络信息体系演化的因素很多，但根据慢变量支配原则和序参量概念，只要能够区分本质因素与非本质因素、必然因素与偶然因素、关键因素与次要因素，找出从中起决定作用的序参量，就能把握整个体系的发展方向。因为序参量不仅主宰着体系演化的整个进程，而且决定着演化的结果，是体系演化有序程度的量化指标。

网络信息体系在电磁协同作用下演化的结果就是电磁域的协同效应，而该体系可以演化到何种状态是由体系能够实现的功能数来决定的，功能数最大时，体系能力趋于最佳，呈现出一种稳定有序的状态。因此，体系的功能数也就是协同理论中所说的序参量，此序参量支配或规定体系其他变量（如探测感知、通信传输、指挥控制）的行为。如果构成体系的子系统是确定的，那么影响序参量的外部条件就是体系所处的电磁环境，更进一步说，也就是体系能够支配的电磁资源。

（1）当网络信息体系无序时，电磁资源利用率最低，序参量为零。

（2）当外部条件变化时，序参量也发生变化。在电磁协同过程中，电磁资源主要从空、时、频三个维度上同时作用于网络信息体系，促进体系的演化。

（3）当电磁资源利用率最高时，系统能够实现的功能最多，即序参量增长到最大，此时电磁空间出现了一种宏观有序的状态。

序参量概念为电磁领域提供了新的理论视角，解释了序参量如何主导系统产生新的时间、空间或功能结构。序参量的特征决定了它是网络信息体系演化的主导因素，只要在电磁协同过程中创造条件，通过加强内部协同提升电磁资源利用率，强化和凸显期望的序参量，就能使网络信息体系有序稳定地运行。

序参量的选择以及电磁资源的具体驱动方式将在第二章中详细阐述。

3）自组织协同

协同理论的自组织原理旨在解释系统从无序向有序演化的过程，实质上就是系统内部进行自组织的过程，协同是自组织的形式和手段。伴随着系统有序化的进程，慢变量和快变量相互联系，相互制约，表现出一种协同运动，这是系统自组织过程中子系统协调运动的一个重要表现。

由此可以认为，网络信息体系要想从无序的不稳定状态向有序的稳定状态演化，实现自我完善和发展，自组织是达到这一目的的根本途径，而电磁协同则是网络信息体系自组织的重要手段。这一演化过程就是电磁域的自组织协同。

当然，系统要实现自组织协同过程就必须具备自组织协同实现的条件。首先，该系统必须具有开放性，能与外界进行能量和信息的交流，确保系统具有生存和发展的活力；其次，该系统必须具有非线性相干性，内部各子系统必须协调合作，减少内耗，充分发挥各自的功能效应。组成群体系统的每个个体都具有一定的自主能力，包括一定程度的自我运动控制、局部范围内的信息传感、处理和通信能力等。

例如，车流的形成和维持过程中，每个司机通常只能根据其相邻车辆的运动状态（相对距离和速度）来调整自己的运动状态。基于共同的加速或减速规则，可以形成车流在整体上的有序运动。

网络信息体系就是这样一个复杂性开放系统。说它具有复杂性是因为网络信息体系一般由操作系统、设备和环境几大要素组成，而每个要素又嵌套多个次级要素，其内部呈现非线性特征。而它又是开放系统，是因为它通过不断地接收各种信息并经过加工整理后，将操作对象所需的信息输出。在没有外部指令的条件下，网络信息体系内部子系统之间能够按照某种规则自动形成特定的状态或功能，即在一定的外部能量流、信息流输入条件下，网络信息体系会通过大量子系统之间的协同作用而形成新的功能的有序状态。网络信息体系就是在不断地接收信息和输出信息的过程中向有序化方向完善和发展。

例如，几十年来，美军凭借其武器系统的先进性在所有作战域享有压倒性优势。如今，这种主导地位正受到挑战，而且美国无法通过以往的路子（即建造更大、更快、更强、更有生存能力的新型武器系统）来解决这一困境。美军需要一种新的范式，这种范式当以“杀伤力”为核心，而不是着眼于单一系统的优势。优势是通过比较系统之间的能力来衡量的，而杀伤力则是通过多系统协同作用的能力来衡量的。

美国国防高级研究计划局（DARPA）战略技术办公室的目标是使用一种称为“马赛克战”的战略来为美军提供快速、可扩展、自适应的多域联合杀伤力。马赛克战将所有域的不同平台的效应链进行功能分解（如发现、识别、瞄准、跟踪、交战和评估，即 F2T2EA），并在没有先验知识的情况下，通过各种系统或功能单元动态、协调、自适应的协同作用，快速生成成本较低廉的具有多样性和适应性的多域杀伤链的弹性组合并重组效应链，这些非线性效应链可以在战术、作战及战役层面组合生成效应网，在多个域内对对手实现同时压制，从而使对手因缺乏有效的反制手段而陷入决策困境，这就是一种自组织协同。

马赛克战的效能优势体现在两个维度：①快速、可伸缩、自适应的联合多域杀伤力生成能力，让对手陷入决策困境；②敏捷、抗毁性强的多场景作战应用能力，马赛克战可以基于可用资源，快速组合成所需的策略，以高效应克制动态威胁。

马赛克战的目标是作战人员到达战场空间可以立即从任何可用的能力中合成所需的效应。DARPA 战略技术办公室的目标是为指挥官提供工具，使其能够利用战场空间中的任何可用的能力来动态构建和操作效应链，这就是马赛克战中的电磁协同效应。

也就是说，在马赛克战中，效应链内包含的功能数就是整个作战体系的序参量。多系统协同作用的能力越强，电磁资源利用率越高，体系既定效应链内实现的功能就越多，即序参量越大。序参量增长到最大时，可达到马赛克战的终极愿景。

1.3.3　电磁协同的方法

由电磁协同的概念可以知道，实现电磁资源协同控制的前提条件是准确预测系统复杂电磁环境效应，这需要做到以下两点：①精确计算复杂电磁环境效应；②准确测试复杂电磁环境效应。电磁协同以认识电磁环境效应为基础，以测试验证为支撑，以电磁协同控制为核心。对于精确计算复杂电磁环境效应，可以采用电磁协同计算的方法；对于准确测试复杂电磁环境效应，可以采用电磁协同测算的方法；而实现电磁协同控制的方法则是“使能－消能”分析法。

（1）在电磁协同计算方面，依托于网络技术和云平台，通过实现核心算法的自主可控、计算资源的协同应用和设计资源的广域共享，形成支撑超大规模分布式电磁场精确计算的数值算法体系（涵盖时域、频域以及混合电磁计算算法）和电磁协同计算平台，解决精细仿真计算复杂电大金属介质混合目标、涂覆隐身目标，以及目标在其运行环境中诱发的电磁效应等一系列工程难题。

（2）在电磁协同测算方面，基于模式展开理论，实现数字吸波技术，消除测试环境中的多径、多源干扰效应。通过运用无人机机械臂等灵活、多功能数据采样方式，打破传统微波暗室几何尺寸对装备电磁性能测试的技术极限，在应用环境中实现大型装备平台微波暗室般高精度辐射散射测量和高效电磁故障诊断，在开放空间完成复杂信息装备电磁性能的整体综合验证，破解大型装备电磁验证受限于微波暗室条件的技术难题。

（3）在电磁协同控制方面，以系统能力为牵引，量化复杂电磁环境效应。提出电磁环境效应中“使能效应”与“消能效应”的概念：用“使能效应”表征各功能单元作用于电磁环境后给自身带来的主动性能增益，用“消能效应”表征各功能单元作用于电磁环境后给系统内其他功能单元带来的被动性能损失。该分析法使得系统环境适应性的优化设计、体系电磁资源的动态分配、电磁攻防的战术布置实施都更有针对性，可为网络信息体系电磁协同控制和体系对抗中制电磁权的争夺提供有力技术支撑。

对于网络信息体系下的电磁协同来说，电磁协同控制处于电磁协同的最高层次，同时也是实现战略层协同的关键；测算协同是支撑；计算协同是基础。全方位、多层次的协同共同作用促进了电磁协同效果最优化，以达到“1+1>2”的协同目标。

第二章

02 电磁协同理论

自第二次世界大战以来，电子信息、新材料、人工智能等先进科学技术快速发展，由此带来武器装备革新和作战概念演变的速度显著加快。作战场景维度更广、武器装备技术更高、作战任务执行周期更短、战场对抗强度更大。根据任务需求，以任务成功率为牵引，对功能及装备逐步进行去除、保留、补充等操作，在革新过程中淘汰任务效率低的，选择任务效率高的，从而实现单一装备的“进化”。然而无论单一装备如何“进化”都无法摆脱单机机载设备侦察能力有限、武器载荷有限、抗未知因素能力弱等劣势。

为了提高作战效率，对装备能力提出了越来越高的要求，包括网络化、多功能、小型化、捷变频、自适应等。随着任务日趋多样，需要的传感器数量和种类不断增加，有限电磁资源下单一武器装备功能的增强达到物理极限，必然要寻求武器装备发展新的突破。

进入新时代，战争逐渐由传统面对面的单域、大规模势能对抗，转变为看不见、摸不着的多域高科技智能博弈，科技创新贯穿到国防军工的发展历程中。我军的武器装备已焕然一新，不仅科技含量高，而且已由单一装备向体系化发展，因此，要使体系得益最大就必须提高基于网络信息体系的联合作战能力和全域作战能力。先进武器装备的集中亮相，展示了 70 年来中国国防科技工业与军队武器装备日新月异的发展水平，体现了中国军队在信息主导、体系支撑、精兵作战、联合制胜等方面取得的突破性进展，反映了中国人民解放军基于网络信息系统联合作战能力的大跨度提升。

网络信息体系制胜的关键在于体系高效、稳定、有序运行，那么如何让参战单元功能最优？如何让多功能系统各功能有的放矢、互不影响？如何使作战目标最经济有效地实现？

随着多功能电子信息系统在高度集成条件下的体系化应用，一方面，战场作战方式由单兵作战变为多兵种多功能协同作战，并且引入大量无人装备，每平方千米的装备数量激增，导致战场对电磁资源的需求剧增。另一方面，对装备能力的网络化要求决定了系统整体可占用电磁资源的有限性；多功能、小型化要求决定了系统内部对电磁资源需求的多样性；捷变性、自适应要求则决定了系统中单一任务对电磁资源需求的宽广性。以上要求均凸显了电磁资源的供需矛盾，电磁资源对系统能力呈现出越来越明显的制衡作用。因此，高效利用电磁资源成为提高网络信息体系运行效率、保证网络信息体系能力的基础。

由于电磁资源的排他性，固定占用电磁资源使得电磁资源利用率低下，不符合未来发展需求，以致其成为制约信息世界有序高效运行的瓶颈。基于此，电磁协同理论应运而生。以电磁协同为手段，在“空”“时”“频”多维对电磁环境效应进行协同控制，可以有效提高电磁资源利用率，从而突破瓶颈，达到网络信息体系有序运行的最佳状态。

网络信息体系下的多功能系统要实现电磁协同，需具有以下特性：

（1）系统形态趋向于以任务或功能为核心的复杂网络；

（2）系统自组织架构的构建和运行过程更加动态化；

（3）系统协同控制过程更加敏捷化、智能化。

据此，实现电磁协同的多功能系统可以定义为以实现“共赢”为战略目标，以战场需求为导向，以电磁资源的快速动态重构为基本着眼点，能够实现多维协同驱动、电磁资源共享、功能无缝链接的敏捷化、智能化的开放型网络。

综合来看，现有的对多功能系统电磁协同的研究均是选取电磁资源中的某一要素展开协同分析，诸如频谱管理、孔径综合，等等，已有的研究成果存在片面性，对各要素的协同管理缺乏系统性、全面性研究。而电磁资源的分配合理与否将直接影响到子系统的有效性，进而影响到网络信息体系的运行效率与稳定性。因此，本章从协同理论出发，以“提高电磁资源利用率”为目的，旨在以系统化思维构建“单一序参量为牵引、电磁资源多维驱动”的电磁协同模式，以期为我国网络信息体系的建设发展提供理论支撑。

2.1　电磁协同效应

电磁协同分为简单电磁协同与复杂电磁协同。简单电磁协同是指系统中各子系统采取共同的行为来实现同一个目标的合作，最常见的例子就是相控阵天线，各天线单元在幅度与相位的激励下实现既定的波束指向。复杂电磁协同是指各子系统采取不同的行为来完成一个共同的目标，如移动通信、体系作战等，这也是本书研究的重点。

电磁协同效应是指由于复杂电磁协同作用而产生的结果。即，通过电磁协同作用，使网络信息体系在临界点发生质变，进而产生体系能力增强效应，由无序向有序转变，使网络信息体系达到有序运行的最佳状态。

例如，移动通信问题中，电磁协同效应是基于有限的各维度资源（时间、空间、频率），在不同基站之间的信道干扰矩阵、高优先级用户等约束条件下，求解出基站的空间分布、各基站工作时间、频率等资源的最佳分配方案，实现最大化系统频谱效益。

相比民用通信场景，战场装备类型多，存在非合作目标干扰欺骗压制，并且战场条件瞬息万变，如图 2-1 所示的复杂电磁协同下的联合作战体系，电磁协同对实时动态性提出了更高的要求。军事信息系统中，电磁协同效应是基于快速变化的各维度资源（时间、空间、频率），在干扰控制规则、频率锁定规则、空间分布限制等约束条件下，快速求解出各平台关于空间、时间、频率等资源的有效分配方案，使作战体系最经济有效地实现作战目标。

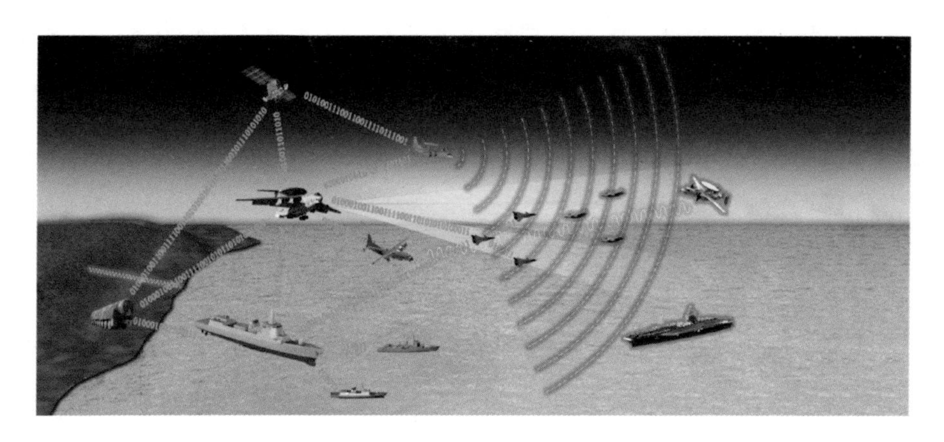

图 2-1　复杂电磁协同下的联合作战体系

2.2　协同驱动原理

2.2.1　序参量的选择

对一个系统而言，可能存在许多参量，但分析问题时，不必考虑它的子系统的所有参量，以及所有子系统的存在、作用及具体的运动方式，而只要选择一个或几个能够有效地描述系统宏观秩序的参量，就能够知道它的整体运动方式，能够描述它的宏观有序状态及其变化模式。序参量就是描述系统宏观有序度的参量。任意的序参量，作为一个物理量，可能是标量、矢量或张量。普遍地说，序参量可能是多分量的，最简单的情况是标量序参量，在这种情况下，序参量是一维的。

网络信息体系在电磁协同作用下可以演化到何种状态是由体系能够实现的功能数来决定的，而功能数则是由战术布置决定的，因此体系的功能数就是网络信息体系的序参量。映射到应用层面，可以是单一装备上功能模块的数量，也可以是作战体系某一效应链上所包含功能的数量。同理，满足有序使用电磁协同计算系统的用户数可作为该系统的序参量；能够正常测量的物体的电大尺寸可作为电磁协同测算平台的序参量；异构无线网络的移动通信问题中，系统序参量可以定义为用户满意程度、经济收入、频谱使用效率、信道吞吐量等可量化函数；作战体系中，系统序参量则可以定义为对战场变化因素的响应速度、各平台设备侦－干－探－通效果等可量化函数。

2.2.2 驱动方式

在电磁协同过程中，电磁资源主要从空、时、频三个维度上同时作用于网络信息体系，电磁资源变化时系统功能数（序参量）也发生变化，进而促进体系的演化。体系由无序到有序的三维演化进程示意图如图 2－2 所示。看似无序的单元各自在求解空间内“运动”，在第一维度内，运动单元以矩形结构进行无碰撞运动；在第二维度内，运动单元以五边形结构进行无碰撞运动；在第三维度内，运动单元以星型结构进行无碰撞运动。以上各个运动结构都是在各自维度内的无碰撞解。多维求解，就是将各个维度内的解进行统一优化，形成统一解，由此得到无序单元在有序协同状态下的无碰撞运动。

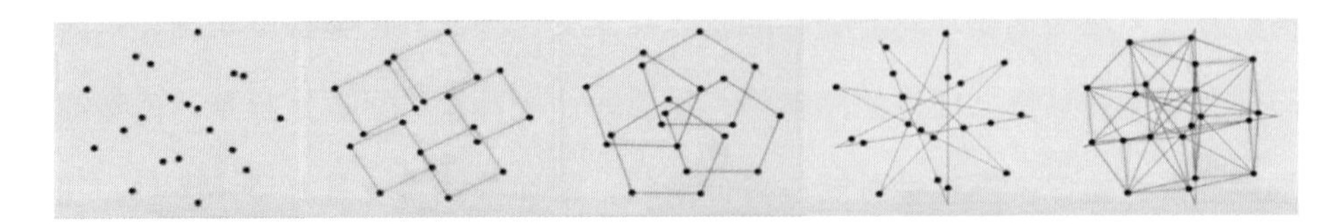

图 2-2 体系由无序到有序的三维演化进程示意图

空间维度协同驱动：通过孔径综合、共址设计提高单一平台的空间利用，并可以按需分配。根据任务目标及序参量的变化，通过战场布局及扇区分配等方式提高各个功能的兼容性。

时间维度协同驱动：根据任务阶段的不同对时隙划分进行动态调整，保障在各阶段的各个时隙上，各功能稳定有序实现。

频率维度协同驱动：通过合理的频率划分将不同功能在其他维度复用时兼容工作，并依据序参量的变化对划分频段进行动态调整，利用交叉极化、编码复用等形式实现同频兼容。

单一维度的精细分配需要依靠其他各个维度的复用，如果多维控制仅仅依赖单维的驱动，一方面容易形成相互制约，难以得到最优解，另一方面不易于精细化管理。基于各个维度的精细化分配，给各个功能唯一的“身份标识”，通过多维协同优化才能达到精细化最优效果。即

$$X_{\mathrm{EM}}=f(s,t,f,N) \tag{2-1}$$

式中：X_{EM} 为电磁空间演化的最终状态；s 为空间变量；t 为时间变量；f 为频率变量；N 为序参量——系统功能数。

在空间资源的分配确定的情况下，需要协同时间资源和频谱资源进行复用，使得时间资源和频谱资源占用最少的条件下，系统功能数达到预期。即

$$X_{\mathrm{EM}}=f(s \mid \min(t_{N\to M}),\min(f_{N\to M}),M) \tag{2-2}$$

式中：M 为序参量最大值。

同理，在时间资源的分配确定的情况下，需要协同空间资源和频谱资源进行复用，使得空间资源和频谱资源占用最少的条件下，系统功能数达到预期，即

$$X_{\mathrm{EM}}=f(t \mid \min(s_{N \to M}),\min(f_{N \to M}),M) \tag{2-3}$$

而在频谱资源的分配确定的情况下，需要协同空间资源和时间资源进行复用，使得空间资源和时间资源占用最少的条件下，系统功能数达到预期，即

$$X_{\mathrm{EM}}=f(f \mid \min(s_{N \to M}),\min(t_{N \to M}),M) \tag{2-4}$$

例如，无人蜂群作战系统中，无人机可携带不同传感器来执行渗透侦察、火力压制以及目标摧毁等多种作战任务，其可执行任务数为蜂群系统的序参量。当蜂群处于无序状态时，协同作用能力为零，任何功能都无法发挥，此时蜂群系统的序参量为零。通过对无人机的空域战术布置、不同传感器工作时间的时序划分以及频率管理等电磁资源的多维协同驱动，蜂群自主协作能力提升，正常运行的传感器数量增加，序参量也随之变大。当蜂群协同作用能力发挥到极致时，可完成全部预定战术任务，达到任务过程中整体序参量最大，单一维度复用最多，性能最佳的稳定状态。

2.3 自组织架构

“时间”“空间”或“时-空”模式的演变都不是外界强加给系统的，以这种方式形成模式的过程称为“自组织”。例如，在完成某项装配工作时，如果每个工人都在外部确定指令下行动，则是有组织的行为，称为“组织”，如果没有外部指令，工人们是靠某种默契协同工作，则称为“自组织”。

从某种意义上说，协同学是研究自组织的组成部分的，但与其他方法

（例如研究个别分子及其相互作用的分子生物学）相反，协同学主要讨论很多分子或很多子系统的相互作用，并且是可以由不同方式引起的自组织。改变环境对系统的总作用（用控制参量表示）可以产生自组织；仅仅增加系统的组分数也可以产生自组织，即使把相同的组分放在一起，也会在宏观层次上出现全新的行为；最后一种方式是当系统在新的条件（约束）下力图弛豫到一种新的状态时，突然改变控制参量能产生自组织。本书主要讨论第一种自组织方式，当电磁环境对系统的作用慢慢改变时，在一定的临界点，系统可以达到较高有序度的新状态。

一个由大量子系统构成的系统，在一定条件下，由于子系统间的协同和竞争，就会形成具有一定功能的自组织结构，在宏观上产生时间、空间、功能结构，达到新的有序状态。协同是系统中的诸多子系统相互协调、合作或同步的联合作用，是系统整体性和相关性的内在表现。竞争是协同的基本前提和条件，系统内部的诸要素或系统之间的竞争是永存的。它一方面造就了系统远离平衡态的自组织演化条件，另一方面推动了系统向有序态的演化。

对网络信息体系而言，子系统对电磁资源的竞争，也就是电磁资源的排他性，使体系趋于非平衡，它是自组织的首要条件，电磁协同则在非平衡条件下对电磁资源重新分配，从而改变电磁环境对系统的作用，最大程度提高电磁资源利用率，使子系统的某些作用或功能联合起来并加以放大，从而支配整个体系的演化。体系内部通过竞争而协同，从而使竞争中的一种或几种趋势优势化，形成序参量“功能数”，并支配整个网络信息体系从无序走向有序。

系统中子系统的相互作用关系是在外界力量的控制下被动形成的，而它们向着有序化方向的集体行为也是由外界力量控制的，这种系统为组织系统。

自组织系统是指无需外界特定的指令而能自行组织、自行衍生、自行演化，能够自主地从无序走向有序以形成有序结构的系统。与组织系统相比，自组织系统具有较强的自适应、自调节等属性，与外界联系紧密，具有很强的生命力。在组织系统中，外界以一种特定的方式对系统施加控制，以实现既定目的，称为硬控制；而软控制是指在自组织系统中，外界也施加影响，通过这种间接控制，系统同样可以演化形成新的结构。

在网络信息体系中，力求将现存的组织架构演化为空、时、频协同驱动的三维自组织形式，把硬控制与软控制有机地结合起来，在组织与自组织、硬控制与软控制之间寻找最佳平衡点，通过子系统间的电磁资源竞争和协同形成体系默认的序参量，从而指导它们自主执行这一规则，调动子系统自适应、自调节的性能，使电磁资源得到最大程度的利用，使体系达到动态有序的状态，发挥体系的最大潜力。

空、时、频协同驱动的三维自组织架构是一种魔方型架构，具备模块化、通用化的特点，灵活、开放，将无序变为有序。空间资源、时间资源、频谱资源构成了魔方的三维主轴框架，也限定了电磁空间的范围，而体系各功能单元就像魔方上的小方块。该架构下的网络信息体系能够按照某种规则自动形成特定的状态或功能。与魔方略微不同的是，魔方的组件数是固定的，网络信息体系需要实现的功能数则可以在固定的范围内添加或减少，这由战术布置决定。通过对电磁资源的协同控制技术，进行合理的资源配置，就可以将各功能与现有体系集成，构建一个随需应变、有序运行的网络信息体系。

2.3.1 空间驱动自组织架构

空间资源可切分成不同的空间区域，在不同区域各功能按需排布。空间维度上的可切分性支撑了其他维度的复用，即在不同空间区域上，各个功能可复用时间、频率等资源。当系统功能需求不断增加，原有区域划分不能满足要求时，可将原有区域划分为更小的区域，例如移动通信的蜂窝无线区域架构，或在同一空间区域内实现多个功能，例如共址设计、孔径综合等。而空间复用则依赖在时间、频率等维度上的可切分性，即分时、非同频。在一定范围内，切分颗粒度越细，可调配资源越丰富。

移动通信蜂窝无线区域架构（图 2-3）是一种典型的空间驱动自组织架构。移动通信系统是采用名为基站的设备来提供无线覆盖服务的，基站的覆盖范围有大有小，基站的覆盖范围称为蜂窝。为了在服务区实现无缝覆盖并提高系统的容量，可采用多个基站来覆盖给定的服务区，每个基站的覆盖区成为一个小区。服务区内的用户密度是不均匀的，城市中心商业区的用户密度高，居民区和市郊区的用户密度低，因此在用户密度低的市郊区可使小区的面积大一些，在用户密度高的市中心区可将小区面积划分得小一些。

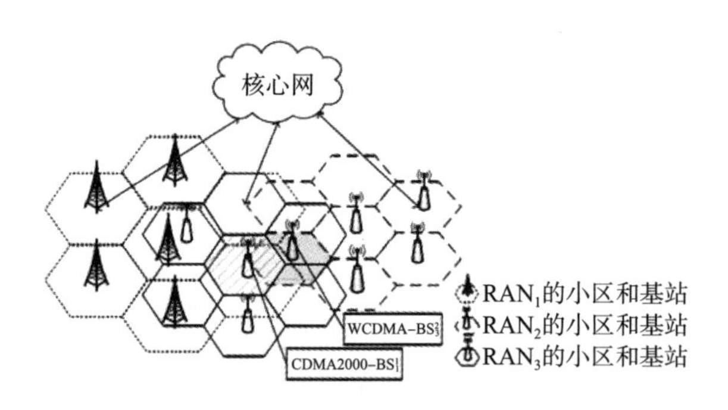

图 2-3　移动通信蜂窝无线区域架构

在现代无线通信系统中，天线作为其中必不可少的前端设备之一，其性能对整个系统的通信质量至关重要。随着现代无线通信技术的发展，尤其对于舰载、机载平台的空间限制需求，系统对天线性能的要求越来越严格。另外，现代战争要求武器装备上尽可能多地集成通信、跟踪、敌我识别、制导等多功能的多天线无线系统。因此，天线的轻量化、多频段、多极化、所占空间体积小等特性成为了天线发展的重要趋势。

例如，综合孔径天线的多天线共口径系统，它和传统的相控阵列天线系统有实质的区别。首先，多天线共口径系统中的多天线是指多类不同种天线或者多个不同工作方式的同种天线，而传统的相控阵列天线使用的是多个完全相同的天线单元；其次，共口径系统的设计要求尽量减少各类天线之间的相关性，让各个系统能够在互不干扰的情况下独立工作，而相控阵列天线则是利用各天线间的相关性以实现方向图的叠加，从而改善天线的方向性和增益等性能。

其中，多频段共口径天线阵列是一类允许多副、不同频段的天线能够同时工作在同一口径面内的天线形式，其结构如图 2-4 所示。在多频段共口径天线系统中，由于多个频段共存于同一个天线口径，在提升通信容量的同时，极大减少了对空间资源的占用。

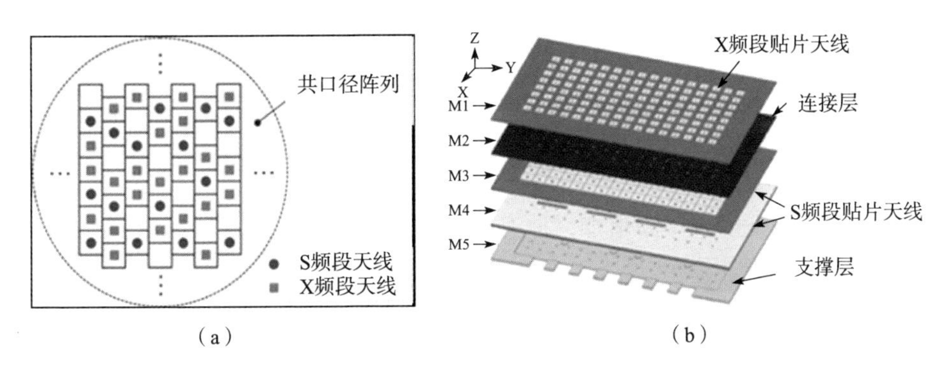

图 2-4　多频段共口径天线阵列结构
(a) 平面共口径；(b) 层叠共口径。

2.3.2　时间驱动自组织架构

时间资源可切分成不同的时间片段，在不同时间片段上，各个不同的功能可以按需排布。时间维度上的可切分性支撑了其他维度的复用，即在不同时间片段上，各个功能可复用频率、空间等资源。在同一地域且工作频率重叠的各种电子信息装备，需要合理区分使用时间，避免产生同频干扰。

例如图2-5所示第二代移动通信的时分多址接入技术（TDMA），时分多址利用不同的时隙来区分用户，即在不同的时隙上传输用户数据，各个时隙的时间不会相互重叠，从而避免用户间信号的相互干扰。

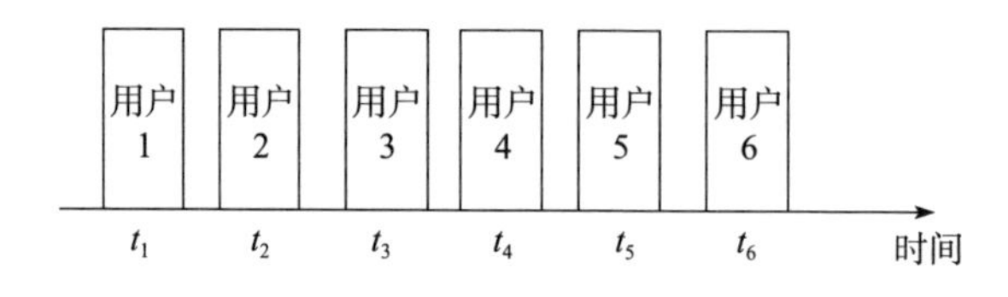

图2-5 移动通信 TDMA 接入方式

又如，联合战术信息分发系统（JTIDS）就是一个时分多址信息分发系统，其最重要的特性是使所有参与者同步互联的系统结构。该系统可认为是由武器、传感器和指挥信息构成的一个信息库，每一位参加者都在不断更新这些信息。JTIDS 网络中的每个成员都分配了充裕的时隙，可根据任务需求容纳信息量。在指定的传输时隙当中，每一个用户都将数据发送到可公共接入的通信数据流之中。

当系统功能需求不断增加，原有时隙划分不能满足要求时，可将原有时隙划分为更小的时隙，或在同一时隙内实现多个功能，依赖在频率、空间等维度上的可切分性，即非同频、非共址。在一定范围内，切分颗粒度越细，可调配资源越丰富。

2.3.3 频率驱动自组织架构

频谱资源是宝贵而有限的电磁资源，与时间资源、空间资源类似，频谱资源也是可切分的资源。为维护空中电波秩序，保证各种多功能系统有效、正常地工作，防止产生有害干扰，就必须通过频率划分的方式，充分、有效和科学地使用有限的无线电频谱资源，将其合理地分配给不同的功能子系统，以保证各用频设备能够兼容工作，从而发挥频谱资源最大的经济效益和社会效益，促进电磁频谱的健康发展，更好地为国民经济建设服务。

为充分、合理、有效地利用电磁频谱资源，保证各种涉及电磁频谱资源的正常运行，防止各种无线电业务、无线电台站和系统之间的相互干扰，2000 年之后，我国总共颁发过四次电磁频谱划分规定，现行的电磁频谱划分规定是在 2010 版划分规定的基础上进行修订并于 2014 年 2 月 1 日起施行的。2014 版划分规定较 2010 版修订了 535 处，修订范围涉及我国 20 种无线电业务和 161 个频段，内容涵盖无线电定位、航空、水上移动、卫星、气象辅助和卫星气象、空间研究、射电天文等各类涉及电磁频谱资源的业务，如表 2－1 所列。

表 2－1　无线电频率划分

<table>
<tr><th>序号</th><th>频带名称</th><th>频率范围</th><th>波段名称</th><th>波长范围</th><th>主要业务划分</th></tr>
<tr><td>1</td><td>至低频（TLF）</td><td>0.03～0.3Hz</td><td>至长波或
千兆米波</td><td>$10^7 \sim 10^6$km</td><td rowspan="8">固定业务
移动业务
陆地移动业务
水上移动业务
航空移动业务
航空移动业务（R）
航空移动业务（OR）
广播业务
无线电导航业务
航空无线电导航业务
水上无线电导航业务
无线电定位业务
标准频率和时间信号业务
业余业务</td></tr>
<tr><td>2</td><td>至低频（TLF）</td><td>0.3～3Hz</td><td>至长波或
百兆米波</td><td>$10^6 \sim 10^5$km</td></tr>
<tr><td>3</td><td>极低频（ELF）</td><td>3～30Hz</td><td>极长波</td><td>$10^5 \sim 10^4$km</td></tr>
<tr><td>4</td><td>超低频（SLF）</td><td>30～300Hz</td><td>超长波</td><td>$10^4 \sim 10^3$km</td></tr>
<tr><td>5</td><td>特低频（ULF）</td><td>300～3000Hz</td><td>特长波</td><td>$10^3 \sim 10^2$km</td></tr>
<tr><td>6</td><td>甚低频（VLF）</td><td>3～30kHz</td><td>甚长波</td><td>100～10km</td></tr>
<tr><td>7</td><td>低频（LF）</td><td>30～300kHz</td><td>长波</td><td>10～1km</td></tr>
<tr><td>8</td><td>中频（MF）</td><td>300～3000kHz</td><td>中波</td><td>1000～100m</td></tr>
</table>

续表

序号	频带名称	频率范围	波段名称	波长范围	主要业务划分
9	高频（HF）	3～30MHz	短波	100～10m	固定业务 移动业务 陆地移动业务 水上移动业务 航空移动业务 航空移动业务（R） 航空移动业务（OR） 广播业务 气象辅助业务 标准频率和时间信号业务 业余业务 卫星业余业务 射电天文业务
10	甚高频（VHF）	30～300MHz	米波	10～1m	固定业务 移动业务 陆地移动业务 水上移动业务 航空移动业务 卫星移动业务 广播业务 航空无线电导航业务 卫星无线电导航业务 无线电定位业务 业余业务 卫星地球探测业务 卫星气象业务 卫星业余业务 空间研究业务
11	特高频（UHF）	300～3000MHz	分米波	100～10cm	固定业务 移动业务 航空移动业务 广播业务 无线电导航业务 航空无线电导航业务 无线电定位业务

续表

序号	频带名称	频率范围	波段名称	波长范围	主要业务划分
11	特高频（UHF）	300～3000MHz	分米波	100～10cm	气象辅助业务 卫星固定业务 卫星移动业务 卫星广播业务 卫星无线电测定业务 卫星无线电导航业务 卫星地球探测业务 卫星气象业务 卫星标准频率和时间信号业务 空间研究业务 空间操作业务 射电天文业务
12	超高频（SHF）	3～30GHz	厘米波	10～1cm	固定业务 移动业务 航空移动业务（R） 广播业务 无线电导航业务 航空无线电导航业务 水上无线电导航业务 无线电定位业务 业余业务 卫星固定业务 卫星移动业务 卫星广播业务 卫星地球探测业务 卫星气象业务 空间研究业务 卫星间业务 卫星业余业务 射电天文业务
13	极高频（EHF）	30～300GHz	毫米波	10～1mm	固定业务 移动业务 广播业务 无线电导航业务 无线电定位业务

续表

序号	频带名称	频率范围	波段名称	波长范围	主要业务划分
14	至高频（THF）	300~3000GHz	亚毫米波	1~0.1mm	气象辅助业务 业余业务 卫星固定业务 卫星移动业务 卫星广播业务 卫星无线电导航业务 卫星地球探测业务 空间研究业务 卫星间业务 卫星业余业务 射电天文业务

不同频段应用于不同业务，主要是由其各不相同的电磁特性和传播特性决定的。不同频段的电磁波具有不相同的传播方式和特点，用途也就不同。频率划分表是对各种无线电业务所用频段所做的划分。影响划分的因素是无线电的本质特性，体现在其传播特性及资源的业务容纳能力，同时也体现在技术及应用发展的历程和现状。

通过上述用频划分基本能够满足当前用频的需求，但是由于各个频段划分得较为粗犷，大区频段内不同的用频功能“画地为牢”，例如在特高频范围内，通信的频段和雷达的频段均固定在某一个频段范围内。

电磁频谱的集中静态管理模式，造成了频谱资源的不可复用，大量频谱资源浪费，在战场用频装备系统急剧增加的情况下，加剧了区域频谱供需矛盾。另外，在有限的作战区域内，军兵种、民用频谱管理部门主要负责本系统的频管工作，虽建立相应的横向沟通与协调关系，出现问题由双方的统一上级负责，但缺乏各个区域的统一管理部门，与电波区域传播特性不相符，致使有限的频谱资源使用效能得不到充分发挥。

因此，基于频谱资源的弹性可切分性，可以将频谱资源类似时间和空间的弹性划分方式，细化切分成“频隙”，按需分配给用频设备，进而提高频率使用的效率，更为动态组织打下基础。频率维度上的可切分性支撑了其他维度的复用，即在不同频段内，各个功能可复用空间、时间等资源。

例如图 2-6 所示第一代移动通信的频分多址接入技术（FDMA），频分多址利用不同的频带来区分用户，即在不同的频点上传输用户数据，所有子信道传输的信号以并行的方式工作，各个频点之间有相应的保护频带，从而避免用户间信号的相互干扰。

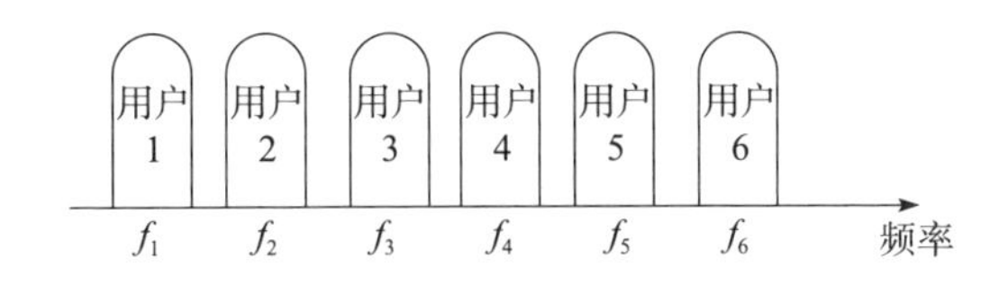

图 2-6　移动通信 FDMA 接入方式

当系统功能需求不断增加，原有频段划分不能满足要求时，可在同一频段实现多个功能，依赖在空间、时间等维度上的可切分性，即非共址、分时。在一定范围内，切分颗粒度越细，可调配资源越丰富。

例如图 2-7 所示第四代移动通信系统主要采用正交频分复用多址接入方式（OFDMA），正交频分复用是在频分复用的基础上进一步压缩频带，提高频谱利用率。用户之间的频带有交叠，但在每个用户频带功率最大的点上，其他信号的能量都为零，所以在该点各个用户信号依旧是正交的。OFDM 与

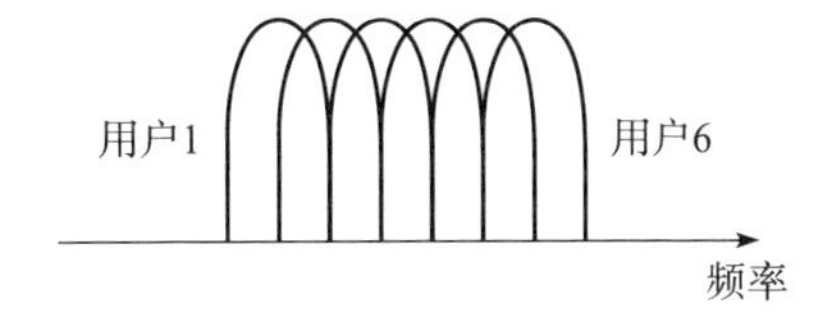

图 2-7　移动通信 OFDMA 接入方式

FDMA 相比，提高了频谱利用率。

在军用领域，因为 V/UHF 频段是机上超短波电台设备最为集中的频段之一，所以电磁兼容问题最为突出的频段是 100～400MHz 的 VHF/UHF 频段，这也是机载电子设备频率管理的重点频段。

军用超短波通信的使用涉及任务前规划和任务中选用两个阶段。在任务规划阶段，首先定义各超短波通信波道。“波道”是一组通信参数的集合，“频率”为其中的重要一项，一般采用频点、频段或跳频图案等不同方式来定义波道的频率。其后，对军用装备或平台的各超短波通信电台指定波道，即在该电台的射频硬件资源上运行某一条波道（各项参数已定义完整）。最后，对所有“电台－波道”组合进行可行性验证。验证的规则一般包括保证足够的频率间隔和保证谐波不落入其他波道的频率范围，从而实现频率避让。经验证后，可得到多套合格的“电台－波道”组合，将这些组合加载于机上，该装备或平台在随后执行任务过程中，由操作员选择其中的某一套组合使用。

2.3.4 协同驱动自组织架构

协同驱动自组织架构就是在上述空间、时间、频率维度架构上的细分与组合。单一维度的自组织架构是直线的线段划分，两个维度的自组织架构是平面的网格划分，三维度的自组织架构是立体的六面体栅格划分。多个维度之间依托最小区分单元进行组合，形成不同功能域对多维资源的需求“体”，犹如魔方中的一个单元。

例如，4G 移动通信系统就是空间、时间与频率协同驱动的自组织架构，移动通信蜂窝小区的划分为空间驱动，小区内信道的划分为时、频驱动。4G 系统（LTE）子信道间采用正交频分复用作为多址接入方式，图 2－8 为移动通信 4G 系统的可视化资源结构图，时间上每个单位称为一个 OFDM 符号，频域上每个单位称为一个子载波。LTE 系统可以同时利用时域和频域区分用户，就像一个采用 OFDM 技术的 FDMA+TDMA 系统，是空、时、频三维空间中的一个二维切面。

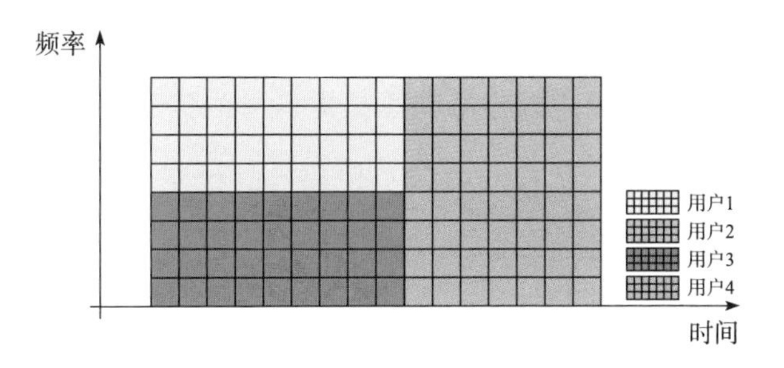

图 2-8 移动通信 4G 系统可视化资源结构图

目前,5G 系统采用非正交多址接入方式（NOMA），与以往的多址接入技术不同，NOMA 采用非正交的功率域区分用户。非正交是指用户之间的数据可以在同一个时隙、同一个频点上传输，仅仅依靠功率的不同来区分用户。如图 2-9 所示，用户 1 和用户 3 在同一频域或时域上传输数据，通过功率不同来区分用户。用户 2 和用户 4 类似。

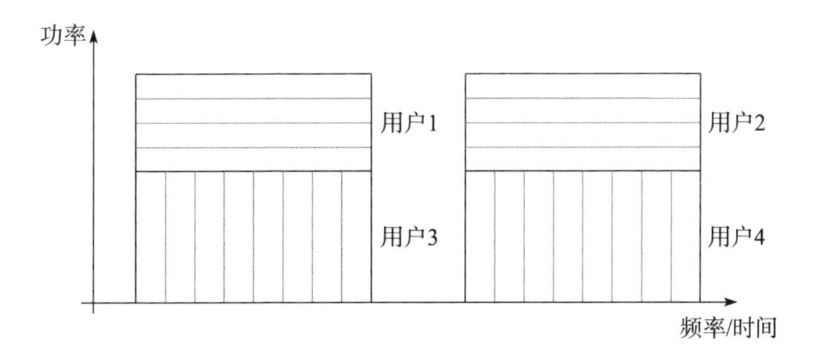

图 2-9 移动通信 5G 系统

NOMA 技术的子信道传输依然采用正交频分复用（OFDM）技术，子信道之间是正交的，互不干扰，但是与传统的 OFDMA 不同，NOMA 系统中每个子信道不再是仅分配给一个用户，而是多个用户共享同一子频带。由于同一子信道上不同用户之间共用同一频带，因此两个用户发送信息之间就会存在相互干扰，为此，在接收端用 SIC 技术进行多用户检测，从而正确接收相应的信息。在 NOMA 系统的发送端，对同一子频带上的多个用户采用功率复用技术进行叠加，不同用户的信号功率根据自身的信道条件，按照一定的算法进行分配，经过信道到达接收端，实现信号的检测。SIC 接收机将不同用户信号功率按照大小等顺序排序，然后进行干扰消除，实现对应用户信息的正确解调，同时达到了区分多用户的目的。NOMA 技术的优势十分明显，对比 3G、4G 和 5G 接入技术性能，如图 2-10 所示，移动通信系统的资源协同驱动大大提升了频谱资源的利用率。

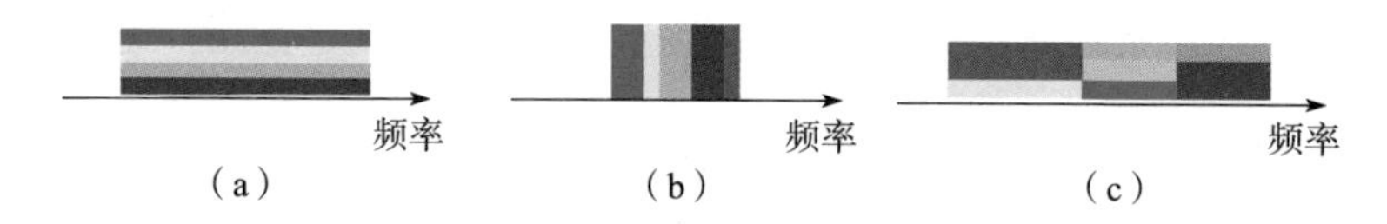

图 2-10　移动通信系统频谱图

(a) 3G 系统；(b) 4G 系统；(c) 5G 系统。

协同驱动自组织架构在军事领域的应用——适应性杀伤网络，如图 2-11 所示。在单一维度内，作战单元通过自身的感知、决策和行动进行串行工作。

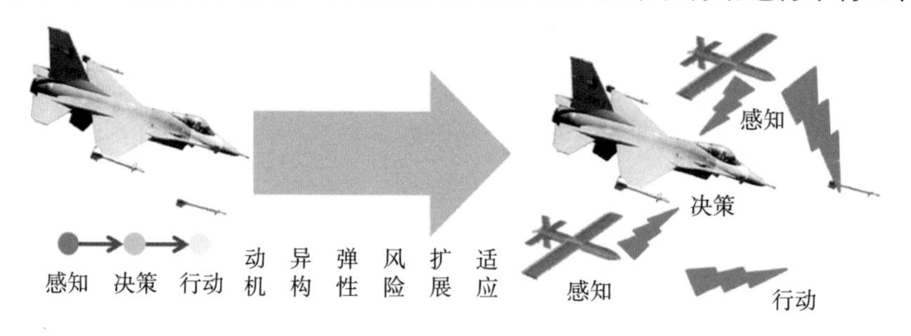

图 2-11　适应性杀伤网络

由于自身能力的限制，只能对空间内有限区域内的电磁资源进行感知与利用。但是对能力进行分解后，将感知功能分散于不同的作战单元中，通过对空间资源的细划分，以及将频谱感知能力细分强化至各个不同单元中，集总在中枢单元进行协同求解与决策，经过自适应的资源分配与调整，能够实现各行动单元同步的联合作用，最终优化整体作战能力。

第三章

03 电磁协同计算

随着世界范围内信息化与社会各个领域的深度融合，一方面，投入使用的射频电子设备种类与数量激增，使得民用空间和战场的电磁环境都变得十分复杂，电磁资源日趋紧张；另一方面，网络信息体系的综合程度越来越高，有限电磁资源下单一装备的功能越来越多。静态的电磁资源分配会造成资源利用率极低，严重制约了体系能力的提升。

静态的电磁资源分配会造成资源利用率极低，已无法满足各功能的协同工作，严重制约了体系能力的提升。而本书所提出的电磁协同理论，目的就是通过有效的动态调配方式，提高电磁资源利用率，让网络信息体系各个节点或功能的运行更为有序，互不干扰，实现整体协同工作，其能力大于各节点或功能无序加和的效果。因此，如何将静态资源使用变为动态资源调整配属，实现体系主动协同适应，即为电磁协同技术的核心目标。

由 1.3.3 节可知，电磁协同是以认识电磁环境效应为基础的。只有做到精确计算复杂电磁环境效应并且准确测试复杂电磁环境效应，才能实现电磁资源的协同控制。

目前，精确计算复杂电磁环境效应的难点主要在于以下两个方面。

(1) 超电大目标如大型飞机的结构尺寸存在多尺度的特点，即其整体电波长较大通常可达千波长以上，同时其存在表面曲率快速变化的精细结构如天线、进气道、机翼等。由于此类精细结构的表面不连续区域通常小于或可与电波长相比拟，其对目标散射特性和辐射特性的影响很大，为保证仿真精度通常需要对精细结构加密网格剖分，使得算法未知数和仿真时间大大增加。所以，如何高效求解这类复杂目标的电磁散射特性（或雷达散射截面）与辐射特性是从事雷达总体设计和隐身、反隐身研究学者、工程师们所关心的共同问题。

（2）在电磁场分析计算领域中，电大尺寸问题的精细计算一直是业内难点，制约电大尺寸精细计算的除了仿真软件本身的场求解器引擎性能以外，仿真软件与硬件平台能够有效配合以及并行规模乃是限制精确计算规模与速度的另一主要因素。

综上所述，复杂目标电磁散射特性和辐射特性的高效求解包含两方面的含义：①能够在有限的计算机资源条件下实现目标散射特性的精确建模与计算，计算结果应与测量值吻合，具有较高的精度，即“算得准”；②在上述条件下，实现较快速的分析与计算，即“算得快”。因此，解决“结构复杂、材料多样的超电大目标的高精细高速度仿真”这一难题，归根结底是要解决复杂电磁计算任务资源高效利用的问题。

随着电磁数值算法的成熟，它们在解决计算精度与计算效率问题上各自遇到难以突破的瓶颈。根据是否直接求解麦克斯韦积分或微分方程，可以把电磁数值计算方法主要分为两类，精确算法和高频算法。精确算法是直接求解麦克斯韦积分或微分方程，包括基于微分方程的时域有限差分法（Finite Difference Time Domain，FDTD）、有限元法（Finite Element Method，FEM）、基于积分方程的矩量法（Method of Moment，MoM）及其快速算法（如多层快速多极子，Multilevel Fast Multipole Algorithm，MLFMA）等。FDTD 是应用最广泛的时域电磁算法，它以六面体网格为空间电磁场离散单元，将微分形式的麦克斯韦方程转化为差分方程，在时间轴上逐步推进求解电磁场，适用于精确分析包含复杂媒质的瞬态、宽带电磁问题。其缺点在于离散目标所处的整个空间也会导致网格量、计算量和存储量都非常大。FEM 则适用于具有复杂边界形状与复杂边界条件、含有复杂媒质的问题。FEM 的发展经历了从基于节点的有限元法到基于棱边的矢量有限元法再到高阶矢量有限元法等一系列阶段。其中节点有限元法适合于静电问题，用于泊松方程中的标量电势的求解，但用于求解高频电磁问题中的矢量电场或矢量磁场时则会出现一些问题，即不能够保证各单元相邻表面之间场的连续性，并且不能够正确地表示场的旋度的零空间，从而在有限元仿真过程中有伪解出现，使仿真结果不可靠。因此，在基于节点有限元法的基础上发展了矢量有限元法。矢量有限元法一般用于求解基于电场或基于磁场的矢量亥姆霍兹方程。根据所求解问题控制方程的不同所采用的基函数也不相同。当模拟基于电场的矢量亥姆霍兹方程时，根据电场的物理特性，矢量有限元法采用切向矢量基函数来展开电场，保证了各单元相邻表面之间电场的切向连续性，而对场的法向连续性不做要求。对于大多数的电磁场边值问题，一般采用基于电场的矢量亥姆霍兹方程进行分析求解。无论是节点有限元还是矢量有限元，采用高阶基函数建模以提高仿真精度的方法是目前发展的重要方向。MoM 是应用最普遍的频域电磁算法，它采用基函数和权函数离散电磁积分方程，产生一个复数稠密阻抗矩阵方程，求解该矩阵方程就得到目标表面的电磁流分布，进而求得其他电磁参数，适用于精确分析任意外形金属和简单媒质电磁问题。其缺点在于对于电大尺寸目标，复数稠密矩阵导致的计算量和存储量都非常大，对计算资源要求很高。可见，精确算法从完整的物理模型出发，严格按照电磁场理论求解目标电磁问题，具有计算精度较高，普适性等优点。但是，由于严格求解电磁问题，具有计算量大，资源耗用多等缺点。因此，精确算法不适用于分析电大尺寸目标的问题，对于电大尺寸问题通常需要采用高频算法进行电磁建模计算。高频算法基于格林函数，包括物理光学法（Physical Optics，PO）、物理绕射理论（Physical Theory of Diffraction，PTD）、几何光学法（Geometrical Optics，GO）、一致绕射理论（Uniform Theory of Diffraction，UTD）及弹跳射线法（Shooting and Bouncing Ray，SBR）等。其中 PO 是基于电流的方法，即通过先求出目标表面的近似电磁流，再积分求出散射场的方法。另外还有基于射线的方法，包括 GO、UTD 等，即考虑电磁场按射线传播，通过对射线寻迹求出每条线对场的贡献，从而分析目标的电磁散射特性。高频情况下，其反射和绕射仅仅取决于反射点与绕射点邻近区域的电磁特性和几何特性，因而具有计算速度快、计算机存储量少的优点，广泛用于分析各类复杂目标的电磁散射特性，特别是对于电大尺寸目标的计算。其缺点在于低频情况下精度较低，且不适用于计算复杂结构目标。

虽然这些电磁算法各有优缺点，但是能够优势互补，在精确计算体系复杂电磁环境效应时，可以采用电磁协同计算的方法：将这些算法混合运用（例如，对于飞机平台采用高频算法建模，对于飞机上的各种天线采用 MoM 或 FDTD 建模），并依托网络技术和云平台，通过实现核心算法的自主可控、计算资源的协同应用和设计资源的广域共享，形成支撑超大规模分布式电磁场精确计算的数值算法体系（涵盖时域、频域以及混合电磁计算算法）和电磁协同计算平台，解决精细仿真计算复杂电大金属介质混合目标、涂覆隐身目标，以及目标在其运行环境中诱发的电磁效应等一系列工程难题。

3.1　国内外电磁协同计算技术发展现状

3.1.1　电磁计算技术发展现状

国外研究机构以复杂目标的电磁辐射和散射计算研究为核心，基于高频近似方法和低频数值方法，研发出了集成几何建模、数值计算仿真和计算结果可视化等许多成熟功能的软件系统，基于系统级仿真计算理念，建有行业规模甚至国家规模的计算中心（如电磁代码联合体（EMCC）和科学计算中心（COE）），可进行复杂结构电大目标特征的高效仿真计算。

国外电磁计算技术发展的总体概况如下。

（1）四大类基本算法成熟，且都存在相应商用软件，商用软件数量美国最多，欧洲次之。

（2）国外目前常用电磁计算软件大致包括：HFSS、CST、FEKO 和 RadBase 等。其中唯一满足军事应用需求的软件 XPatch 和 FISC 对我国严格禁运，特别是它们在评估环境与目标复合散射方面的能力；其他软件或者专注于民用，如 HFSS 和 CST 等，或者不能满足军事应用对精度和效率的要求，如 RadBase 和 FEKO。

（3）计算电磁学在 20 世纪 90 年代经历一波基于树结构的快速算法（如 FFT 技术、快速多极子技术）研究高潮后，目前已经遇到瓶颈：各种方法都在等待硬件性能的提升——无论是 CPU 多核、GPU 加速，还是各种集群技术都只是原有算法在不同通信模式下的并行实现，但硬件的加速比总是有限的，算法研究不能等待一个不可控的因素。

（4）国外各电磁算法的顶尖研究人员基本属于华人学者，美国的几款电磁建模软件如 XPatch，FISC 和 HFSS 都是华人开发的，但因为目前算法本身的瓶颈难以突破，而且美国对华人学者的限制使不少华人转行或离开。

目前，国外对复杂目标 RCS 的计算已取得很大成果，已形成功能较齐全的大型软件包。如美国伊利诺伊大学以及数个空军基地联合开发的软件包 XPatch，利用 SBR 技术，结合工作站上的图形功能，已能处理各种形式的复杂目标 RCS。该软件包的最大特色有两点：①可以计算任意形状开腔结构的 RCS；②可以很方便地获得瞬态激励下目标的散射特性，且和传统上所采用的计算方法相比，它在计算时间上具有很大的优越性。这些特点都是由 SBR 的卓越性能决定的。

但由于牵涉到军事方面的问题，有关技术细节并未公开，且该软件包目前仅在美国有关军事部门内部使用。

国内射频反隐身仿真计算主要依赖于通用电磁计算软件和各研究单位自主开发的计算软件，只能满足较小目标的散射/辐射计算。

计算电磁学的挑战依然存在，比如说极大问题和极小问题，如何精确快速地计算电大尺寸复杂目标电磁特性依然有着强烈的需求，目前市面上商用软件，如 HFSS、CST、Radbase、Feko 等是解决不了这个问题的，而美国解决此类问题的军用软件 FISC 和 XPATCH 却对中国严格禁运。如果国内研究者想达到这两款软件的水平，还有很多理论和算法的工作去做。

进一步，在更大电尺寸的太赫兹频段，现有的计算方法可能都不适用，更需要有新算法的提出。在极小问题上，微纳米结构的分析，仅仅依靠 Maxwell 方程的电磁计算方法可能是无能为力的，需要引入量子效应等微观方程，这也是计算电磁学的一个新方向和巨大挑战。

经过若干个五年计划的发展，现有如下研究团队脱颖而出：航天二院 207 所以高频渐近法、特征基函数法和测试为主；东南大学兼做高频渐近法、时域有限差分法、频域快速多极子矩量法、有限元法和各种快速算法；电子科技大学以频域快速多极子矩量法为主；北京理工大学以快速多极子边界元法和有限元法的混合方法（合元极）为主。各家都对各自研究的算法作了并行化，并都有各自的成熟或半成熟软件。各大算法都紧密跟踪国外公开发表和交流的成果，电磁场数值计算已经从算法研究逐渐过渡到实用化、软件化阶段，但存在如下不足：

（1）电磁建模算法在软件工程化过程中缺乏理论工程化经验，闭门造车现象严重，软件多数停留在实验室阶段，不能满足用户需求；

（2）理论建模领域过分偏好精度或效率，没有足够重视应用方的质疑和要求，理论与实践脱节，理论到底如何才能可靠地满足于实战需求，理论与实战结合的模式有哪些，不同情况下该如何选择不同的方法等问题都亟待解决；

（3）没有形成由仿真到测试、应用构成的闭环验证系统；

（4）没有开展系统的电磁算法融合研究；

（5）对时域算法研究较少。

3.1.2　协同计算技术发展现状

在工程应用中，采用一体化算法往往难以对复杂装备目标进行高效数值仿真计算。一方面原因可能是算法理论上可以求解，但受到计算机资源的限制；另一方面原因可能是计算机资源足够，而由于结构过于复杂使得数值算法无法收敛。为了解决上述问题，可以对复杂装备目标进行区域分解，对每个区域分而治之。然而，对目标如何分区、如何保证交界面上场量的连续，以及如何实现各个区域的高效数值计算等关键技术直接关系着区域分解算法的成败。在目标电磁特性问题中，电磁协同计算方法可以各取所长，通过有机协同形成综合解决方法。

而电磁计算协同想要展现出其强大的计算效率，就需要构建基于面向服务的层次化可伸缩的电磁协同计算平台，解决大规模电磁计算任务与资源的高效可靠协同问题，满足电磁计算任务对速度、精度和实时性的要求，为电磁计算任务设计安全、可靠、可信的运行环境，解决提高复杂电磁计算任务资源利用率问题，并制订电磁协同计算服务集成标准、规范和方法，运行和集成高效电磁协同计算任务。

综上所述，电磁协同计算的协同方法包含两个层面，即算法协同和资源协同。

算法协同可分为如下两类。

（1）基于同一算法的不同空间区域之间的计算协同。根据电磁场的连续性和唯一性，基于分而治之的思想，可以针对问题的不同空间区域分别求解，然后再通过融合不同空间部分的数据，联立求解目标的整体电磁特性。不同区域可以采用相同的算法，如并行时域有限差分法、区域分解有限元法、并行矩量法、并行高频近似法。这种协同的优点是允许使用更多的计算硬件资源进行并行计算，可以大大加快计算速度。

（2）基于不同算法的不同空间区域之间的计算协同。采用不同的算法（即混合算法）求解不同空间区域，如基于高频法和矩量法的混合法，频域的混合有限元－边界积分－多层快速多极子混合法（合元极）等。这种协同的优点是可以充分利用各种算法的优点，综合地解决实际问题。

资源协同更多则是为高复杂电磁计算提供计算平台和环境支撑，确保电磁计算的速度、精度、实时及资源有效利用，可为军事国防的高性能计算需求提供支撑。

国外的协同计算技术按照技术类型以及最初出现和发展壮大的时间不同主要以分布式中间件技术、并行计算技术、网格技术等主要的实现技术为代表。最近两年，国外又推出了云计算这种新的分布式计算模式。从原理上讲，云计算是分布式计算、并行计算和网格计算的发展，或者说是这些科学概念在商业上的实现。简单地说，云计算是一种基于互联网的超级计算模式，它将计算机资源汇集起来，进行统一的管理和协同合作，以便提供更好的数据存储和网络计算服务。现在国外已经有许多著名的 IT 公司（如 Google、Microsoft、IBM、Amazon 等）都在积极进行云计算的研究，并已经取得了一定的研究成果。

在国内，信息产业技术整体距离国外有一定的差距，协同计算方面也是如此。在国外分布式计算的几种典型的技术中，国内在中间件技术和 SOA 技术方面只有一些应用，没有自己的产品。在云计算方面我国正在酝酿之中。从当前市场来看，已经出现基于虚拟化技术提供主机租赁等服务的相关业务，其中典型的是中国移动的“大云”计划所提供的弹性计算系统，该系统使用开源 Xen、KVM 提供计算资源的虚拟化，通过对计算资源、网络资源和存储资源进行集中管理和调度，并与用户自服务流程进行管理整合，提供弹性计算服务。目前上海和江苏已经率先启动和建立了云计算创新基地，由“天河一号”所在的国家超算天津中心、惠普、腾讯等 35 家高新科技企业成立了云计算产业联盟，云计算应用方兴未艾。

3.2 电磁协同计算方法研究

协同计算的伺服原理是电磁场的连续性和唯一性定理。连续性是指：根据磁场高斯定律（磁通连续性原理）、电场高斯定律、电流连续性方程可以知道在不包含场源的空间任一闭合曲面中，电磁场包括磁场、电场、电流（电荷）都是连续变化的。唯一性是指：根据电磁场的唯一性定理，在闭合面 S 包围的区域 V 中，当边界面 S 上的切向电场或切向磁场给定时，体积 V 中任一点的电磁场由麦克斯韦方程唯一地确定。由于电磁场具有连续性和唯一性，所以可以采用不同的方法针对同一个目标电磁特性问题进行求解。

3.2.1 基于同一算法的不同空间区域之间的协同计算

1. 区域分解有限元法并行电磁计算

1）区域分解法变分公式

非重叠型区域分解法的第一步是将原问题计算区域分解成几个非重叠的子区域。如图 3-1 所示，将原问题计算区域 Ω 分解成任意 N 个非重叠子区域的情况，为了清晰起见，图中忽略了 PEC、PMC、材料媒质和内部激励等。根据图 3-1 有

$$\Omega=\bigcup_{i=1,N}\Omega_i,\ \Omega_i\cap\Omega_j=\varnothing,\ i\neq j,\ 1\leqslant i,\ j\leqslant N \tag{3-1}$$

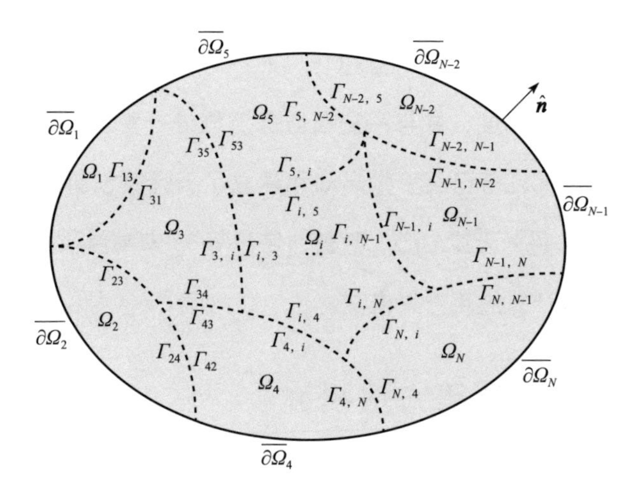

图 3-1 原始计算区域分解成 N 个非重叠子区域的典型设置

在对原始计算区域进行划分后，定义子区域 Ω_i 的边界为 $\partial\Omega_i$，子区域 Ω_i 与子区域 Ω_j 的交界面定义为 $\Gamma_{ij}=\partial\Omega_i\cap\partial\Omega_j$，子区域 Ω_i 的外部边界（与外部无限大区域接触的边界）可表示为 $\overline{\partial\Omega_i}=\partial\Omega_i\cap\partial\Omega$。显然 $\Gamma_{ij}=\Gamma_{ji}$，且当子区域 Ω_i 与子区域 Ω_j 不相邻时，$\Gamma_{ij}=\Gamma_{ji}=\varnothing$。此外，当计算区域为 Ω_i 时，使用 Γ_{ij} 表示交界面；而当计算区域为 Ω_j 时，使用 Γ_{ji} 表示交界面。将在区域交界面上由子区域 Ω_i 指向子区域 Ω_j 的单位矢量表示为 $\hat{\boldsymbol{n}}_{ij}$。

为了使区域分解的解等于原问题的解，在子区域间的交界面上采用一阶罗宾（Robin）传输边界条件来保证切向电场和切向磁场的连续性，在交界面 Γ_{ij} 上，传输条件的数学表达式可表示为

$$\hat{\boldsymbol{n}}_{ij}\times(\mu_{ri}^{-1}\nabla\times\boldsymbol{E}_i)+\alpha\hat{\boldsymbol{n}}_{ij}\times(\boldsymbol{E}_i\times\hat{\boldsymbol{n}}_{ij})=-\hat{\boldsymbol{n}}_{ji}\times(\mu_{rj}^{-1}\nabla\times\boldsymbol{E}_j)+\alpha\hat{\boldsymbol{n}}_{ji}\times(\boldsymbol{E}_j\times\hat{\boldsymbol{n}}_{ji}) \tag{3-2}$$

$$\hat{\boldsymbol{n}}_{ji}\times(\mu_{rj}^{-1}\nabla\times\boldsymbol{E}_j)+\alpha\hat{\boldsymbol{n}}_{ji}\times(\boldsymbol{E}_j\times\hat{\boldsymbol{n}}_{ji})=-\hat{\boldsymbol{n}}_{ij}\times(\mu_{ri}^{-1}\nabla\times\boldsymbol{E}_i)+\alpha\hat{\boldsymbol{n}}_{ij}\times(\boldsymbol{E}_i\times\hat{\boldsymbol{n}}_{ij}) \tag{3-3}$$

式中：$\alpha=\mathrm{j}k_0$；$\boldsymbol{E}_i$ 为子区域 Ω_i 内的电场强度；$\boldsymbol{E}_j$ 为子区域 Ω_j 内的电场强度。

显然，式（3-2）、式（3-3）左右两边的第一项和第二项分别保证了切向磁场和切向电场的连续性。进一步，对于任意子区域 Ω_i 所对应的边值问题可以表示为式（3-4）~式（3-8）。

在区域 Ω_i 内：

$$\nabla\times\mu_{ri}^{-1}\nabla\times\boldsymbol{E}_i-k_0^2\varepsilon_{ri}\boldsymbol{E}_i=-\mathrm{j}k_0\eta_0 J_i^{\mathrm{imp}} \tag{3-4}$$

在交界面 Γ_{PEC}^i 上：

$$\hat{\boldsymbol{n}}_i\times\boldsymbol{E}_i=\boldsymbol{0} \tag{3-5}$$

在交界面 Γ_{PMC}^i 上：

$$\hat{\boldsymbol{n}}_i\times(\mu_{ri}^{-1}\nabla\times\boldsymbol{E}_i)=\boldsymbol{0} \tag{3-6}$$

在边界 $\overline{\partial\Omega_i}$ 上：

$$\hat{\boldsymbol{n}}_i\times(\mu_{ri}^{-1}\nabla\times\boldsymbol{E}_i)-\mathrm{j}k_0\hat{\boldsymbol{n}}_i\times(\boldsymbol{E}_i\times\hat{\boldsymbol{n}}_i)=\boldsymbol{0} \tag{3-7}$$

在交界面 Γ_{ij} 上：

$$\hat{\boldsymbol{n}}_i\times(\mu_{ri}^{-1}\nabla\times\boldsymbol{E}_i)+\mathrm{j}k_0\hat{\boldsymbol{n}}_i\times(\boldsymbol{E}_i\times\hat{\boldsymbol{n}}_i)=-\hat{\boldsymbol{n}}_j\times(\mu_{rj}^{-1}\nabla\times\boldsymbol{E}_j)+\mathrm{j}k_0\hat{\boldsymbol{n}}_j\times(\boldsymbol{E}_j\times\hat{\boldsymbol{n}}_j) \tag{3-8}$$

为了表示的一致性，将交界面上的法向单元矢量 $\hat{\boldsymbol{n}}_{ij}$ 直接用 $\hat{\boldsymbol{n}}_i$ 表示、$\hat{\boldsymbol{n}}_{ji}$ 用 $\hat{\boldsymbol{n}}_j$ 表示。式（3-4）～式（3-8）使每个子区域的问题成为适定问题。

在采用有限元法进行计算之前，在区域交界面上引入如下辅助变量（或称为“黏合”变量）

$$\boldsymbol{j}_i=\frac{1}{k_0}\hat{\boldsymbol{n}}_i\times(\mu_{ri}^{-1}\nabla\times\boldsymbol{E}_i)\in\boldsymbol{H}_{\parallel}^{-1/2}(\mathrm{div}_\Gamma,\Gamma_{ij}) \tag{3-9}$$

同时，为了简化公式，定义

$$\boldsymbol{e}_i=\hat{\boldsymbol{n}}_i\times(\boldsymbol{E}_i\times\hat{\boldsymbol{n}}_i)\in\boldsymbol{H}_{\perp}^{-1/2}(\mathrm{cul}_\Gamma,\Gamma_{ij}) \tag{3-10}$$

注意：在式（3-9）中，系数 $1/k_0$ 是用来保持有限元矩阵的对称性。根据式（3-9）、式（3-10），传输条件式（3-8）可以进一步表示为

$$-\mathrm{j}k_0\boldsymbol{j}_i+k_0\boldsymbol{e}_i=\mathrm{j}k_0\boldsymbol{j}_j+k_0\boldsymbol{e}_j \tag{3-11}$$

随后，定义 $\boldsymbol{w}_i$，$\boldsymbol{N}_i\in\boldsymbol{H}_0(\mathrm{curl},\ \Omega_i)$ 分别为每个子区域的测试函数与基函数。特别指出的是，这里在每个单元内采用的基函数为 2 阶、Nedelec 第 1 类 H(curl) 型基函数。同时，定义 $\boldsymbol{u}_i$，$\boldsymbol{j}_i\in\boldsymbol{H}_{\perp}^{-1/2}(\mathrm{cul}_\Gamma,\ \Gamma_{ij})$ 分别为子区域交界面上的测试函数与基函数，这意味着 $\boldsymbol{u}_i$ 和 $\boldsymbol{j}_i$ 将直接从 $\boldsymbol{N}_i$ 的切向分量中获取。与传统有限元整体解的不同之处在于，需要在各子区域的交界面上独立地定义关于“黏合”变量 $\boldsymbol{j}_i$ 的自由度。

采用伽辽金法对式（3-4）进行检验，经过相关的数学推导和强加相应的边界条件，可以得到关于子区域 Ω_i 内部问题的变分公式

$$\iiint_{\Omega_i}\nabla\times\boldsymbol{w}_i\cdot\mu_{ri}^{-1}\nabla\times\boldsymbol{N}_i\mathrm{d}v-k_0^2\varepsilon_{ri}\iiint_{\Omega_i}\boldsymbol{w}_i\cdot\boldsymbol{N}_i\mathrm{d}v+\mathrm{j}k_0\iint_{\widetilde{\partial\Omega}_i}(\hat{\boldsymbol{n}}_i\times\boldsymbol{w}_i)\cdot(\hat{\boldsymbol{n}}_i\times\boldsymbol{N}_i)\mathrm{d}s+$$

$$k_0\iint_{\Gamma_{ij}}\boldsymbol{w}_i\cdot\boldsymbol{j}_i\mathrm{d}s=-\mathrm{j}k_0\eta_0\iiint_{\Omega_i}\boldsymbol{w}_i\cdot\boldsymbol{J}_i^{\mathrm{imp}}\mathrm{d}v \tag{3-12}$$

在式（3-12）的推导过程中，用到了“黏合”变量的定义式（3-9）。随后，采用 $\boldsymbol{u}_i=\hat{\boldsymbol{n}}_i\times(\boldsymbol{N}_i\times\hat{\boldsymbol{n}}_i)$ 对传输边界条件式（3-11）进行测试，并整理方程的所有项到左边，可得

$$-\mathrm{j}k_0\iint_{\Gamma_{ij}}\boldsymbol{u}_i\cdot\boldsymbol{j}_i\mathrm{d}s+k_0\iint_{\Gamma_{ij}}\boldsymbol{u}_i\cdot\boldsymbol{e}_i\mathrm{d}s-\mathrm{j}k_0\iint_{\Gamma_{ij}}\boldsymbol{u}_i\cdot\boldsymbol{j}_j\mathrm{d}s-k_0\iint_{\Gamma_{ij}}\boldsymbol{u}_i\cdot\boldsymbol{e}_j\mathrm{d}s=0 \tag{3-13}$$

根据式（3-12）与式（3-13），最终得到的有限元线性系统可表示为如下的矩阵方程形式

$$\begin{bmatrix}
\boldsymbol{A}_1^{II} & \boldsymbol{A}_1^{Ie} & \boldsymbol{0} & \boldsymbol{0} & \boldsymbol{0} & \boldsymbol{0} & \cdots & \boldsymbol{0} & \boldsymbol{0} & \boldsymbol{0}\\
\boldsymbol{A}_1^{eI} & \boldsymbol{A}_1^{ee} & \boldsymbol{T}_{11}^{ej} & \boldsymbol{0} & \boldsymbol{0} & \boldsymbol{0} & \cdots & \boldsymbol{0} & \boldsymbol{0} & \boldsymbol{0}\\
\boldsymbol{0} & (\boldsymbol{T}_{11}^{ej})^{\mathrm{T}} & \boldsymbol{T}_{11}^{jj} & \boldsymbol{0} & -(\boldsymbol{T}_{12}^{ej})^{\mathrm{T}} & \boldsymbol{T}_{12}^{jj} & \cdots & \boldsymbol{0} & -(\boldsymbol{T}_{1N}^{ej})^{\mathrm{T}} & \boldsymbol{T}_{1N}^{jj}\\
\boldsymbol{0} & \boldsymbol{0} & \boldsymbol{0} & \boldsymbol{A}_2^{II} & \boldsymbol{A}_2^{Ie} & \boldsymbol{0} & \cdots & \boldsymbol{0} & \boldsymbol{0} & \boldsymbol{0}\\
\boldsymbol{0} & \boldsymbol{0} & \boldsymbol{0} & \boldsymbol{A}_2^{eI} & \boldsymbol{A}_2^{ee} & \boldsymbol{T}_{22}^{ej} & \cdots & \boldsymbol{0} & \boldsymbol{0} & \boldsymbol{0}\\
\boldsymbol{0} & -(\boldsymbol{T}_{21}^{ej})^{\mathrm{T}} & \boldsymbol{T}_{21}^{jj} & \boldsymbol{0} & (\boldsymbol{T}_{22}^{ej})^{\mathrm{T}} & \boldsymbol{T}_{22}^{jj} & \cdots & \boldsymbol{0} & -(\boldsymbol{T}_{2N}^{ej})^{\mathrm{T}} & \boldsymbol{T}_{2N}^{jj}\\
\vdots & \vdots & \vdots & \vdots & \vdots & \vdots & \ddots & \vdots & \vdots & \vdots\\
\boldsymbol{0} & \boldsymbol{0} & \boldsymbol{0} & \boldsymbol{0} & \boldsymbol{0} & \boldsymbol{0} & \cdots & \boldsymbol{A}_N^{II} & \boldsymbol{A}_N^{Ie} & \boldsymbol{0}\\
\boldsymbol{0} & \boldsymbol{0} & \boldsymbol{0} & \boldsymbol{0} & \boldsymbol{0} & \boldsymbol{0} & \cdots & \boldsymbol{A}_N^{eI} & \boldsymbol{A}_N^{ee} & \boldsymbol{T}_{NN}^{ej}\\
\boldsymbol{0} & -(\boldsymbol{T}_{N1}^{ej})^{\mathrm{T}} & \boldsymbol{T}_{N1}^{jj} & \boldsymbol{0} & -(\boldsymbol{T}_{N2}^{ej})^{\mathrm{T}} & \boldsymbol{T}_{N2}^{jj} & \cdots & \boldsymbol{0} & (\boldsymbol{T}_{NN}^{ej})^{\mathrm{T}} & \boldsymbol{T}_{NN}^{jj}
\end{bmatrix}
\begin{bmatrix}
\boldsymbol{x}_1^I\\ \boldsymbol{x}_1^e\\ \boldsymbol{x}_1^j\\ \boldsymbol{x}_2^I\\ \boldsymbol{x}_2^e\\ \boldsymbol{x}_2^j\\ \vdots\\ \boldsymbol{x}_N^I\\ \boldsymbol{x}_N^e\\ \boldsymbol{x}_N^j
\end{bmatrix}
=
\begin{bmatrix}
\boldsymbol{b}_1^I\\ \boldsymbol{b}_1^e\\ \boldsymbol{0}\\ \boldsymbol{b}_2^I\\ \boldsymbol{b}_2^e\\ \boldsymbol{0}\\ \vdots\\ \boldsymbol{b}_N^I\\ \boldsymbol{b}_N^e\\ \boldsymbol{0}
\end{bmatrix} \tag{3-14}$$

式中：矩阵的上标 $\boldsymbol{I}$ 为子区域内部的未知系数；上标 $\boldsymbol{e}$ 为在子区域交界面 Γ_{ij} 上切向电场的未知系数；上标 $\boldsymbol{j}$ 为在子区域交界面 Γ_{ij} 上切向电流的未知系

数；矩阵的下标为子区域的编号。每个矩阵块的具体计算公式为

$$\boldsymbol{A}_i^{XY}=\iiint_{\Omega_i}\nabla\times\boldsymbol{w}_i^X\cdot\boldsymbol{\mu}_{ri}^{-1}\nabla\times\boldsymbol{N}_i^Y\mathrm{d}v-k_0^2\boldsymbol{\varepsilon}_{ri}\iiint_{\Omega_i}\boldsymbol{w}_i^X\cdot\boldsymbol{N}_i^Y\mathrm{d}v+$$

$$\mathrm{j}k_0\iint_{\widetilde{\partial\Omega}_i}(\hat{\boldsymbol{n}}_i\times\boldsymbol{w}_i^X)\cdot(\hat{\boldsymbol{n}}_i\times\boldsymbol{N}_i^Y)\mathrm{d}s \tag{3-15}$$

$$\boldsymbol{T}_{ij}^{ej}=k_0\iint_{\Gamma_{ij}}\boldsymbol{w}_i^e\cdot\boldsymbol{j}_j^j\mathrm{d}s \tag{3-16}$$

$$\boldsymbol{T}_{ij}^{jj}=-\mathrm{j}k_0\iint_{\Gamma_{ij}}\boldsymbol{u}_i^j\cdot\boldsymbol{j}_j^j\mathrm{d}s \tag{3-17}$$

$$\boldsymbol{b}_i^X=-\mathrm{j}k_0\eta_0\iiint_{\Omega_i}\boldsymbol{w}_i^X\cdot\boldsymbol{J}_i^{\mathrm{imp}}\mathrm{d}v \tag{3-18}$$

式中：i，$j=1$，2，…，N；上标 $\boldsymbol{X}$、$\boldsymbol{Y}$ 可以是 $\boldsymbol{I}$，$\boldsymbol{e}$。

进一步，式（3-14）可以写为如下更紧凑的形式

$$\begin{bmatrix}\boldsymbol{A}_1 & \boldsymbol{C}_{12} & \cdots & \boldsymbol{C}_{1N}\\ \boldsymbol{C}_{21} & \boldsymbol{A}_2 & \cdots & \boldsymbol{C}_{2N}\\ \vdots & \vdots & \ddots & \vdots\\ \boldsymbol{C}_{N1} & \boldsymbol{C}_{N2} & \cdots & \boldsymbol{A}_N\end{bmatrix}\begin{bmatrix}\boldsymbol{x}_1\\ \boldsymbol{x}_2\\ \vdots\\ \boldsymbol{x}_N\end{bmatrix}=\begin{bmatrix}\boldsymbol{b}_1\\ \boldsymbol{b}_2\\ \vdots\\ \boldsymbol{b}_N\end{bmatrix} \tag{3-19}$$

式中：$\boldsymbol{A}_i$ 为子区域矩阵，其表达式为

$$\boldsymbol{A}_i=\begin{bmatrix}\boldsymbol{A}_i^{II} & \boldsymbol{A}_i^{Ie} & \boldsymbol{0}\\ \boldsymbol{A}_i^{eI} & \boldsymbol{A}_i^{ee} & \boldsymbol{T}_{ii}^{ej}\\ \boldsymbol{0} & (\boldsymbol{T}_{ii}^{ej})^{\mathrm{T}} & \boldsymbol{T}_{ii}^{jj}\end{bmatrix} \tag{3-20}$$

式（3-19）中：$\boldsymbol{C}_{ij}$ 为子区域 Ω_i 与子区域 Ω_j 之间的耦合矩阵，其表达式为

$$\boldsymbol{C}_{ij}=\begin{bmatrix}\boldsymbol{0} & \boldsymbol{0} & \boldsymbol{0}\\ \boldsymbol{0} & \boldsymbol{0} & \boldsymbol{0}\\ \boldsymbol{0} & -(\boldsymbol{T}_{ij}^{ej})^{\mathrm{T}} & \boldsymbol{T}_{ij}^{jj}\end{bmatrix} \tag{3-21}$$

如果子区域 Ω_i 与子区域 Ω_j 不相邻，显然有 $\boldsymbol{C}_{ij}=\boldsymbol{0}$。此外，$\boldsymbol{x}_i=[\boldsymbol{x}_i^I,\ \boldsymbol{x}_i^e,\ \boldsymbol{x}_i^j]^{\mathrm{T}}$ 为子区域 Ω_i 的未知系数向量。

值得强调的是，在传统有限元整体解法中，需要组装所有的单元矩阵形成一个全局的系统矩阵，然后进行求解。而在上面介绍的区域分解方法中，各子区域之间的耦合通过耦合矩阵加以考虑，这给独立求解每个子区域提供了可能性。

2）区域分解系统方程求解策略

在“区域分解法变分公式”部分详细介绍了有限元区域分解法的基本理论，推导了其变分公式，最终得到了有限元区域分解法求解电磁场问题的系统矩阵方程式（3-19）。本节将进一步介绍如何高效求解该矩阵方程。

矩阵方程式（3-19）与传统的有限元整体解法生成的矩阵方程是等价的，一种比较直观、简单的想法是仍然采用直接求解器求解该方程。但是，这并不是一个明智的选择，因为从矩阵阶数上看，一方面，其在子区域的交界面上引入了额外的“黏合”变量，矩阵的阶数比有限元整体解阶数更大；另一方面，每个子区域矩阵 $\boldsymbol{A}_i$ 的逆有可能作为一种很好的预条件，从而得到一个非常容易求解的系统矩阵方程。

考虑式（3-19），将其各项乘以子区域矩阵 $\boldsymbol{A}_i$ 的逆，可得

$$\begin{bmatrix} \boldsymbol{I} & \boldsymbol{A}_1^{-1}\boldsymbol{C}_{12} & \cdots & \boldsymbol{A}_1^{-1}\boldsymbol{C}_{1N} \\ \boldsymbol{A}_2^{-1}\boldsymbol{C}_{21} & \boldsymbol{I} & \cdots & \boldsymbol{A}_2^{-1}\boldsymbol{C}_{2N} \\ \vdots & \vdots & \ddots & \vdots \\ \boldsymbol{A}_N^{-1}\boldsymbol{C}_{N1} & \boldsymbol{A}_N^{-1}\boldsymbol{C}_{N2} & \cdots & \boldsymbol{I} \end{bmatrix} \begin{bmatrix} \boldsymbol{x}_1 \\ \boldsymbol{x}_2 \\ \vdots \\ \boldsymbol{x}_N \end{bmatrix} = \begin{bmatrix} \boldsymbol{A}_1^{-1}\boldsymbol{b}_1 \\ \boldsymbol{A}_2^{-1}\boldsymbol{b}_2 \\ \vdots \\ \boldsymbol{A}_N^{-1}\boldsymbol{b}_N \end{bmatrix} \tag{3-22}$$

式中：$\boldsymbol{I}$ 为单位矩阵。

为了描述的方便，首先定义如下的布尔矩阵

$$\widetilde{\boldsymbol{R}}_i=\begin{bmatrix}\boldsymbol{0} & \boldsymbol{I} & \boldsymbol{0}\\ \boldsymbol{0} & \boldsymbol{0} & \boldsymbol{I}\end{bmatrix},\quad \widetilde{\boldsymbol{R}}_i\boldsymbol{x}_i=\begin{bmatrix}\boldsymbol{0} & \boldsymbol{I} & \boldsymbol{0}\\ \boldsymbol{0} & \boldsymbol{0} & \boldsymbol{I}\end{bmatrix}\begin{bmatrix}\boldsymbol{x}_i^I\\ \boldsymbol{x}_i^e\\ \boldsymbol{x}_i^j\end{bmatrix}=\begin{bmatrix}\boldsymbol{x}_i^e\\ \boldsymbol{x}_i^j\end{bmatrix}=\widetilde{\boldsymbol{x}}_i \tag{3-23}$$

且有

$$\widetilde{\boldsymbol{R}}_i^{\mathrm{T}}\widetilde{\boldsymbol{R}}_i=\begin{bmatrix}\boldsymbol{0} & \boldsymbol{0}\\ \boldsymbol{I} & \boldsymbol{0}\\ \boldsymbol{0} & \boldsymbol{I}\end{bmatrix}\begin{bmatrix}\boldsymbol{0} & \boldsymbol{I} & \boldsymbol{0}\\ \boldsymbol{0} & \boldsymbol{0} & \boldsymbol{I}\end{bmatrix}=\begin{bmatrix}\boldsymbol{0} & \boldsymbol{0} & \boldsymbol{0}\\ \boldsymbol{0} & \boldsymbol{I} & \boldsymbol{0}\\ \boldsymbol{0} & \boldsymbol{0} & \boldsymbol{I}\end{bmatrix} \tag{3-24}$$

利用式（3-21）耦合矩阵 $\boldsymbol{C}_{ij}$ 第一行的分块矩阵均为 $\boldsymbol{0}$ 的性质，可得

$$\boldsymbol{C}_{ij}=\boldsymbol{C}_{ij}\widetilde{\boldsymbol{R}}_j^{\mathrm{T}}\widetilde{\boldsymbol{R}}_j \tag{3-25}$$

因此

$$\boldsymbol{A}_i^{-1}\boldsymbol{C}_{ij}\boldsymbol{x}_j=\boldsymbol{A}_i^{-1}\boldsymbol{C}_{ij}\widetilde{\boldsymbol{R}}_j^{\mathrm{T}}\widetilde{\boldsymbol{R}}_j\boldsymbol{x}_j=\boldsymbol{A}_i^{-1}\boldsymbol{C}_{ij}\widetilde{\boldsymbol{R}}_j^{\mathrm{T}}(\widetilde{\boldsymbol{R}}_j\boldsymbol{x}_j)=\boldsymbol{A}_i^{-1}\boldsymbol{C}_{ij}\widetilde{\boldsymbol{R}}_j^{\mathrm{T}}\widetilde{\boldsymbol{x}}_j \tag{3-26}$$

根据式（3-24）与式（3-25），式（3-22）中可以提取仅仅与子区域交界面未知量有关的矩阵方程

$$\begin{bmatrix}\boldsymbol{I} & \widetilde{\boldsymbol{R}}_1\boldsymbol{A}_1^{-1}\boldsymbol{C}_{12}\widetilde{\boldsymbol{R}}_2^{\mathrm{T}} & \cdots & \widetilde{\boldsymbol{R}}_1\boldsymbol{A}_1^{-1}\boldsymbol{C}_{1N}\widetilde{\boldsymbol{R}}_N^{\mathrm{T}}\\ \widetilde{\boldsymbol{R}}_2\boldsymbol{A}_2^{-1}\boldsymbol{C}_{21}\widetilde{\boldsymbol{R}}_1^{\mathrm{T}} & \boldsymbol{I} & \cdots & \widetilde{\boldsymbol{R}}_2\boldsymbol{A}_2^{-1}\boldsymbol{C}_{2N}\widetilde{\boldsymbol{R}}_N^{\mathrm{T}}\\ \vdots & \vdots & \ddots & \vdots\\ \widetilde{\boldsymbol{R}}_N\boldsymbol{A}_N^{-1}\boldsymbol{C}_{N1}\widetilde{\boldsymbol{R}}_1^{\mathrm{T}} & \widetilde{\boldsymbol{R}}_N\boldsymbol{A}_N^{-1}\boldsymbol{C}_{N2}\widetilde{\boldsymbol{R}}_2^{\mathrm{T}} & \cdots & \boldsymbol{I}\end{bmatrix}\begin{bmatrix}\widetilde{\boldsymbol{x}}_1\\ \widetilde{\boldsymbol{x}}_2\\ \vdots\\ \widetilde{\boldsymbol{x}}_N\end{bmatrix}=\begin{bmatrix}\widetilde{\boldsymbol{R}}_1\boldsymbol{A}_1^{-1}\boldsymbol{b}_1\\ \widetilde{\boldsymbol{R}}_2\boldsymbol{A}_2^{-1}\boldsymbol{b}_2\\ \vdots\\ \widetilde{\boldsymbol{R}}_N\boldsymbol{A}_N^{-1}\boldsymbol{b}_N\end{bmatrix} \tag{3-27}$$

式中：$\widetilde{\boldsymbol{x}}_i=[\boldsymbol{x}_i^e,\ \boldsymbol{x}_i^j]^{\mathrm{T}}$。

式（3-27）为区域分解的交界面方程，一般情况下，其矩阵性态较好，可以直接采用迭代求解器来求解。一旦采用迭代求解器求得了子区域交界面

上的未知系数向量 $\widetilde{\boldsymbol{x}}_i$，$i=1$，2，…，$N$，每个子区域内部的未知系数可以通过如下公式求得。

$$\boldsymbol{x}_i=\boldsymbol{A}_i^{-1}\left(\boldsymbol{b}_i-\sum_{j\neq i}\boldsymbol{C}_{ij}\widetilde{\boldsymbol{R}}_j^{\mathrm{T}}\widetilde{\boldsymbol{x}}_j\right) \tag{3-28}$$

至此，就得出整个问题的解。

3）区域分解并行化实现

为了进一步提升有限元区域分解法的计算能力与计算效率，本节对其并行化实现展开研究。尽管区域分解法是天然可并行的，但想保持其在成千上万个 CPU 核时的高可扩展性与稳定性，仍然面临着巨大的挑战。一般而言，负载均衡与计算通信占比（Computation to Communication Ratio，CCR）是影响程序并行性能的两个主要因素。如何保证负载均衡，尽可能改善 CCR，最终形成一个灵活的并行策略将是本节的主要关注点。

为了使描述更加清晰，图 3-2 给出了有限元区域分解法的基本并行框架。

显然，在读入所必需的模型网格文件与参数文件后，需要将数据与计算任务分配到各个进程中，这样才能充分利用高性能计算集群或超级计算机的计算和存储能力。分配到各个进程中的数据量和任务量与并行程序的负载均衡息息相关。为了简单和自动化，此处采用了一种自动并行区域划分算法 ParMETIS（Parallel Graph Partitioning and Fill-reducing Matrix Ordering）。具体而言，程序直接采用 ParMETIS 软件包将模型的全局网格划分成不同的子区域。将圆锥喇叭天线全局网格划分成五个子区域的示例如图 3-3 所示，其中不同的颜色代表不同的子区域。在此实例中，划分到每个子区域的四面体网格数目完全相同，而且每个子区域的网格在空间上是连续的。这些特征有利于实现总通信量最小化，保证进程间负载的均衡划分。对这种负载分配方式，有

$$T_1 \approx T_2 \approx \cdot \cdot \cdot \approx T_N \tag{3-29}$$

式中：$T_i(i=1, 2, \cdots, N)$ 为第 i 个子区域的计算任务。

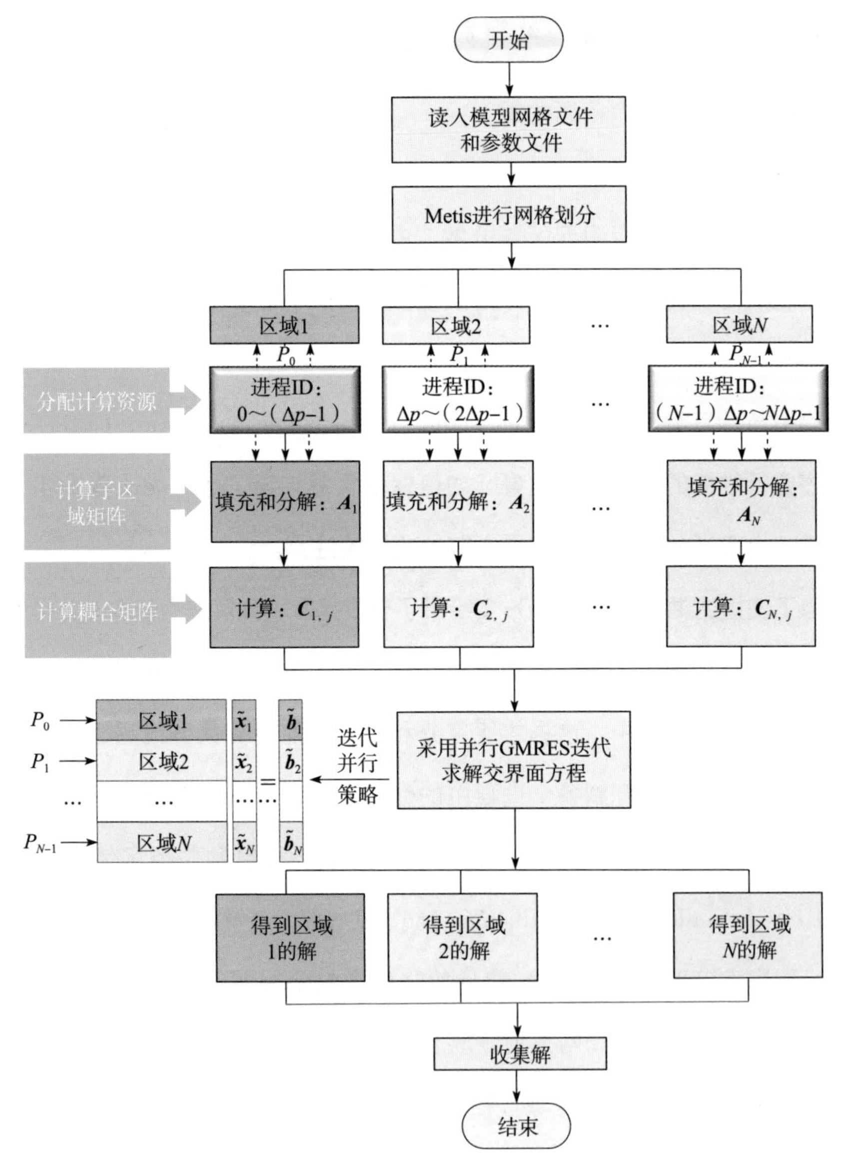

图 3-2 有限元区域分解法的基本并行框架

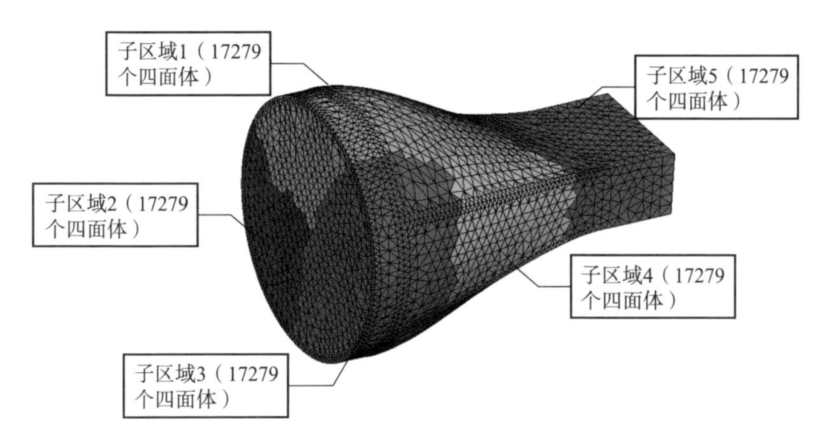

图 3-3　将圆锥喇叭天线全局网格划分成五个子区域的示例

完成模型的全局网格划分后，需要给各个子区域分配一定数目的计算资源。一个良好的负载均衡策略必须满足

$$\frac{T_1}{F_1} \approx \frac{T_2}{F_2} \approx \cdots \approx \frac{T_N}{F_N} \tag{3-30}$$

式中：$F_i(i=1, 2, \cdots, N)$ 为分配到第 i 个子区域的计算资源。

根据式（3-29），为了实现负载均衡，必须有

$$F_1 \approx F_2 \approx \cdots \approx F_N \tag{3-31}$$

这意味着分配给每个子区域的计算资源必须近似相同。

为了获得高并行可扩展性，同时提升对当前多种超级计算机架构的适用性，此处考虑采用基于分布式内存模型（Message Passing Interface，MPI）与共享内存模型（Open MultiProcessing，OpenMP）的混合并行编程模型。一方面，MPI 编程模型主要用于实现程序在不同计算节点之间的扩展，OpenMP 编程模型主要用于加速同一个计算节点中的计算并且缓解各 MPI 进程的存储压力；另一方面，采用 MPI+OpenMP 的混合并行编程模型，可以针对不同计算机平台的配置情况，开展 MPI 进程与 OpenMP 线程数目组合的优化，保证

程序在不同计算平台上的最优性能。由式（3-31）可知，为了保证负载均衡，分配给每个子区域的 MPI 进程数和线程数应该完全相同（注意，此处默认计算平台的所有计算节点都具有相同的体系结构）。图 3-2 中标注分配计算资源的地方体现了这一过程，其中 Δp 表示用来计算每个子区域的进程数。同时，每个 MPI 进程都会在系统的 CPU 核心中产生相同数量预定义的线程。

值得强调的是，根据子区域数目和进程数目的不同可能有三种不同的计算资源分配方式：①1 个 MPI 进程求解多个子区域；②1 个 MPI 进程求解 1 个子区域；③多个 MPI 进程同时求解 1 个子区域。为了使区域分解程序在任意情况下均能高效并行，必须设计一个合适的数据结构来存储子区域的 MPI 进程数目、MPI 进程号列表、通信域、交界面基函数等信息。此处设计的数据结构如图 3-4 所示，其中各变量的含义在其上方均进行了相应的解释。特别地，采用对等（peer-to-peer）模式来实现程序的并行化，当多个 MPI 进程同时求解 1 个子区域时，需要按图 3-5 中所示的过程为各子区域创建相应的子通信域，存储在整型变量 DDM_DATA%MPI_COMMUNICATOR 中。

在继续执行程序的计算之前，先收集定义在各子区域其相邻子区域交界面上的基函数信息 $\boldsymbol{j}_j$ 用于计算式（3-21）中的耦合矩阵 $\boldsymbol{C}_{ij}$ 是非常必要的，这可以完全避免后续过程中的一些通信，从而改善 CCR。在释放全局网格之前，首先计算基函数并将其存储在实型数组 DDM_DATA%basis_functions（:,:）中。这一过程将明显地提升程序的并行效率和可扩展性，尤其是使用成千上万个 CPU 核、将电大尺寸问题划分为上百个子区域的情况，下面举例说明。假设对一个特定问题，所有子区域交界面的自由度数目为 100 万，那么基函数 $\boldsymbol{j}_j$ 的总数据量为 $6\times3\times8\times10^7=1.34$GB（此处 6 表示三角形上的高斯采样点的数目，3 代表 x、y、z 三个方向，8 表示实数双精度）。也就是说，采用

```
TYPE DDM_DATA
!当前区域的 MPI 进程数目
INTEGER :: NUM_MPI_PROCESS
!当前区域的 MPI 进程号列表
INTEGER, ALLOCATABLE :: MPI_PROCESS(:)
!当前区域的 MPI 通信域
INTEGER :: MPI_COMMUNICATOR
!全局单元编号到局部单元编号的映射关系
INTEGER, ALLOCATABLE :: mapping_my_elements(:)
!在相邻区域交界面上的基函数信息
REAL(KIND=DBL), ALLOCATABLE :: basis_functions(:,:)
!在相邻区域交界面上的单元信息
INTEGER, ALLOCATABLE :: ordering_information(:,:)
!全局自由度到局部自由度的映射关系
INTEGER, ALLOCATABLE :: mapping_global_to_local(:)
!全局自由度到交界面方程的映射关系
INTEGER, ALLOCATABLE ::interface_mapping_global_to_local(:)
!关于 ei 的全局自由度列表
INTEGER, ALLOCATABLE :: unknown_ei_list(:)
!关于 ji 的全局自由度列表
INTEGER, ALLOCATABLE :: unknown_ji_list(:)
END TYPE DDM_DATA
```

图 3-4　区域分解子区域的数据结构定义

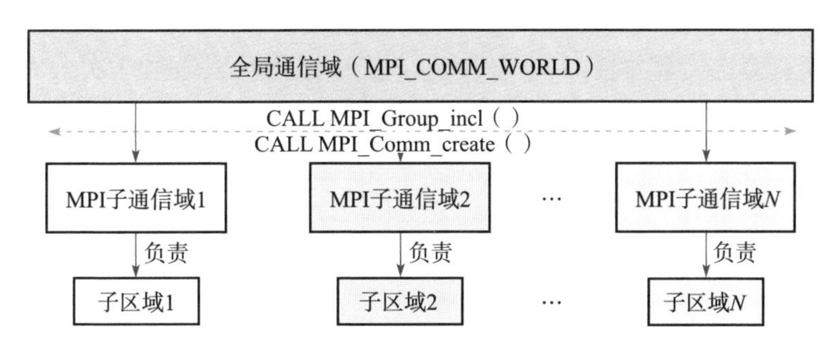

图 3-5　各子区域创建子通信域的过程

这种处理方式，对于所假定的问题，1.34GB 的 MPI 通信量可以完全避免，从而极大地改善程序的 CCR。

在完成任务的划分、预处理计算必要的子区域信息后，每个 MPI 进程开始独立地分解子区域矩阵 $\boldsymbol{A}_i$，计算耦合矩阵 $\boldsymbol{C}_{ij}$，计算激励向量 $\widetilde{\boldsymbol{b}}_i$。如果多个进程同时负责一个子区域，这几个计算过程由相应的子通信域控制执行并行运算。由于在前一步中较好地控制了负载的均衡，各个进程负责的 $\boldsymbol{A}_i$ 的大小及其相应的分解因子将非常接近，这意味着各个进程将几乎同时完成各自的计算，没有不必要的等待过程，保证程序具有非常高的并行效率。这一过程在图 3-2 中标注为计算子区域矩阵和计算耦合矩阵。

一旦完成了各子区域的相关计算，就可以构建出交界面方程式（3-27），并采用迭代求解器对其进行并行迭代求解。由区域分解理论可知，各子区域间交界面上的未知量是相互独立的，此处将交界面方程中的未知系数按区域进行排序，即第一行块为第一个区域，第二行块为第二个区域，以此类推。因此，迭代求解器的并行化可以直接采用按行划分的方式，如图 3-2 所示。

$$\widetilde{\boldsymbol{v}}_i = \left[\boldsymbol{I} + \sum_{j=1,j\neq i}^{N} \boldsymbol{A}_i^{-1}\boldsymbol{C}_{ij}\right] \widetilde{\boldsymbol{x}}_j^{(k-1)} \tag{3-32}$$

在第 k 步矩阵向量乘的过程中，如式（3-32）所示，所需要的矩阵信息及相关的矩阵分解信息已经在前述步骤中得到，各 MPI 进程之间只需要通过信息交换获得迭代解向量 $\widetilde{\boldsymbol{x}}_j^{(k-1)}(j\neq i)$，这一过程可以通过一次全局规约操作完成。求得交界面方程的解后，根据式（3-28）可以对各个子区域问题进行并行独立求解，从而得到每个子区域的解。最后，通过 MPI 收集操作得到全局问题的解。

综上，上面介绍的区域分解并行实现策略，可以最小化交界面自由度，同时保证各进程的负载均衡。在整个过程中，主要的通信为迭代的每一步中进行的一次 allreduce 求和操作。这保证了当程序扩展到成千上万个 CPU 核时的高并行效率与高可扩展性。

2. 矩量法并行电磁计算

在各种数值算法中，矩量法是一种常用的频域分析方法。矩量法使用基函数和权函数将积分方程离散成矩阵方程。为了获得天线在给定激励下的电流分布，需要求解矩阵方程。因此，MoM 求解过程的并行化主要包括两个步骤：第一步是并行矩阵填充，第二步是并行矩阵方程求解。这两步都必须采用高效的并行策略。

为了并行求解 MoM 的大型稠密矩阵方程，需要将矩阵分配到参与计算的各个进程。分配方案必须满足两个重要条件：①每个计算节点应当存储相同的或近似相同的数据量；②不同计算节点上的每个进程应当分配到相同的或近似相同的计算量。这两个条件同时影响着并行矩阵填充和并行矩阵方程求解过程。矩阵的分配方案一般由矩阵方程的求解方法决定。这里采用 ScaLAPACK 数学库中的并行 LU 分解方法求解矩阵方程，这决定了并行矩阵填充的策略。注意，本章是以 MPI 并行环境为例来介绍并行计算策略。下面首先介绍 ScaLAPACK 数学库的矩阵分配方案，然后讨论并行矩阵填充和并行矩阵方程求解策略。

1）矩阵分配方案

ScaLAPACK 数学库所采用的矩阵分配方案如下。

为了描述方便，将 MoM 矩阵方程重新写为一般线性方程的形式

$$\boldsymbol{A}\boldsymbol{X}=\boldsymbol{B} \tag{3-33}$$

式中：$\boldsymbol{A}$ 为完整的稠密矩阵；$\boldsymbol{X}$ 为待求解的未知向量；$\boldsymbol{B}$ 为给定的激励向量。

设矩阵 $\boldsymbol{A}$ 划分成 6×6 的分块矩阵，并分配到 6 个进程中，进程编号为

0~5，进程网格选为2×3，如图3-6(a) 所示。使用ScaLAPACK分配方案，每个分块所对应的进程编号和进程坐标如图3-6(b) 所示。

	0	1	2	0	1	2
0	11	12	13	14	15	16
1	21	22	23	24	25	26
0	31	32	33	34	35	36
1	41	42	43	44	45	46
0	51	52	53	54	55	56
1	61	62	63	64	65	66

(a)

0 (0, 0)	2 (0, 1)	4 (0, 2)	0 (0, 0)	2 (0, 1)	4 (0, 2)
1 (1, 0)	3 (1, 1)	5 (1, 2)	1 (1, 0)	3 (1, 1)	5 (1, 2)
0 (0, 0)	2 (0, 1)	4 (0, 2)	0 (0, 0)	2 (0, 1)	4 (0, 2)
1 (1, 0)	3 (1, 1)	5 (1, 2)	1 (1, 0)	3 (1, 1)	5 (1, 2)
0 (0, 0)	2 (0, 1)	4 (0, 2)	0 (0, 0)	2 (0, 1)	4 (0, 2)
1 (1, 0)	3 (1, 1)	5 (1, 2)	1 (1, 0)	3 (1, 1)	5 (1, 2)

(b)

图3-6　ScaLAPACK的块循环分配方案
(a) 包含6×6分块的矩阵；(b) 矩阵分块对应的进程编号和进程坐标。

图3-6(a) 中，矩阵左侧和上方的数字表示进程坐标的行号和列号。图3-6(b) 中，每个分块顶部和底部的数字分别代表对应进程的进程编号和进程坐标。接下来考虑向量 $\boldsymbol{X}$ 和 $\boldsymbol{B}$，与大型稠密矩阵 $\boldsymbol{A}$ 相比，向量 $\boldsymbol{X}$ 和 $\boldsymbol{B}$ 需要的存储量非常小。因此，可以在每个进程中存储完整的 $\boldsymbol{X}$ 和 $\boldsymbol{B}$。

2) 并行矩阵填充

在并行矩阵填充过程中，每个计算节点填充并存储整个矩阵的一部分元素。对于给定的矩量法问题，并行计算所需要的最少计算节点数等于总未知量除以每个节点所能存储的最大未知量。每个计算节点有一个IP地址（内部的或外部的)，并且可能有多颗多核CPU。因此，每个计算节点可以运行多个进程，每个进程使用一颗CPU核，这保证了计算资源的充分利用。

通过循环天线结构的几何单元（包括导线和双线性表面）以及计算相应的阻抗矩阵元素，能够得到整个阻抗矩阵。几何单元循环过程包含一个外循环和一个内循环。除了在内循环结束时需要对计算结果累加以外，外循环之间是相互独立的。矩量法矩阵方程中激励向量 $\boldsymbol{B}$ 的并行填充非常容易实现，可以参考阻抗矩阵的并行填充流程。

3）并行矩阵方程求解

在并行矩阵方程求解过程中，负载均衡也是非常重要的。并行矩阵方程求解比并行矩阵填充难以实现线性加速比，因为未知量或进程数的增大可能导致进程间通信量的增加，进而降低并行加速比。然而，一般情况下，参与并行计算的进程数越多，所需计算时间越少。

并行矩阵方程求解方法与矩量法使用的基函数无关。这些方法可分为两大类：①直接求解方法。例如高斯消元法、LU 分解方法、Cholesky 分解方法、奇异值分解方法。这些方法在求解具有多个激励源的问题时具有明显优势。②迭代求解方法。例如共轭梯度（CG）类型的迭代方法。这些方法比较适合求解大未知量的矩阵方程。

采用 LU 分解或 Cholesky 分解对矩阵求逆的计算复杂度是 $O(N^3)$，其中 N 是矩量法的未知量。对于 CG 迭代方法，每步迭代的计算复杂度是 $O(N^2)$，总的计算复杂度是 $O(PN^2)$，其中 P 是达到特定收敛精度所需要的迭代次数。对于简单天线结构（如线天线），一般有 $P<N$，所以为了获得精确结果，可以采用并行 LU 分解方法。并行 LU 分解有成熟的数学库，例如 ScaLAPACK 和 PLAPACK，读者可以直接使用这些数学库。

3. 时域有限差分法并行电磁计算

时域有限差分方法是计算电磁学中的数值算法之一。1966 年美籍华人 K. S. Yee 提出了 FDTD 方法的空间、时间离散方案，并给出了麦克斯韦方程组的直接时域求解算法。后来经过 Allen Taflove 等人的完善和发展，成为电磁场时域数值方法中计算能力最强的算法。该方法电场和磁场节点在空间和时间上采取交替抽样，每一个电场（或磁场）分量周围有四个磁场（或电场）场分量环绕。通过这种方案，将麦克斯韦旋度方程转化为一组差分方程，并在时间轴上逐步推进求解；由电磁问题的初始值及边界条件逐步地求得以后各个时刻空间电磁场分布。对于辐射问题，激励源直接加到辐射天线上，整个 FDTD 计算域为辐射场区；而对于散射问题，FDTD 计算域划分为总场区和散射场区，通过连接边界利用等效原理加入入射波。为了在有限的计算域内模拟无界空间中的电磁问题，该方法必须在截断边界处设置吸收边界条件。另外，为获得计算域内的散射场或辐射场，必须借助等效原理应用计算域内的近场数据实现计算域以外远场的外推。FDTD 方法便于处理非均匀介质（例如飞机、导弹的尾焰，电推进火箭的羽流，各向异性介质、时变介质等的电磁问题），由于采用规范网格离散和采用显式迭代，该方法具有天然的并行性。FDTD 方法结合傅里叶变换可以一次计算得到目标宽频带的电磁信息。

FDTD 方法能方便地模拟各种具有复杂结构的电磁问题，然而对于谐振结构，FDTD 方法通常需要很多时间步才能收敛，所需计算时间很长；与矩量法等主要针对金属体的面离散算法相比，由于采用体离散的空间离散方案，对于电大尺寸及具有复杂（细小）结构的电磁目标仿真，为了保证足够的计算精度，需要的 Yee 网格量很大，此时所需内存与计算量都很大，单个 PC 机通常难以满足工程需求。解决此类问题的有效方法之一是采用并行 FDTD 方法。

FDTD 的并行计算模型如图 3－7 所示。为满足工程需求需要实现 FDTD 方法的超大规模并行计算。在 FDTD 方法中，对于任意一个场量的迭代，都需要用到与它相邻的场量，所以当迭代进行到并行计算子区域交界处的场量时，必须进行场量信息的传递，也只有交界处的场量计算才需要信息传递，各子区域中的场量是不需要传递的，因此 FDTD 的迭代仅仅与周围的场点相关，算法具有天然的并行特点。计算将整个 FDTD 计算区域划分为若干个子区域，每个进程计算其中的一个或者多个子区域，各个进程之间通过传递交界面上的电磁场量以确保 FDTD 方法的场值求解能够进行下去。FDTD 并行算法实现主要的困难在于各种边界的判断和处理。以散射问题为例，将计算域划分成散射场区和总场区。实际计算中包含吸收边界、外推边界、总场散射场边界等多个边界的处理。当划分为许多子域后，其中的一个进程的计算区域可能包含上面边界的一个或数个，或者一个都不包含。同时入射波的信息、远区观察点的散射场信息都要进行收集。

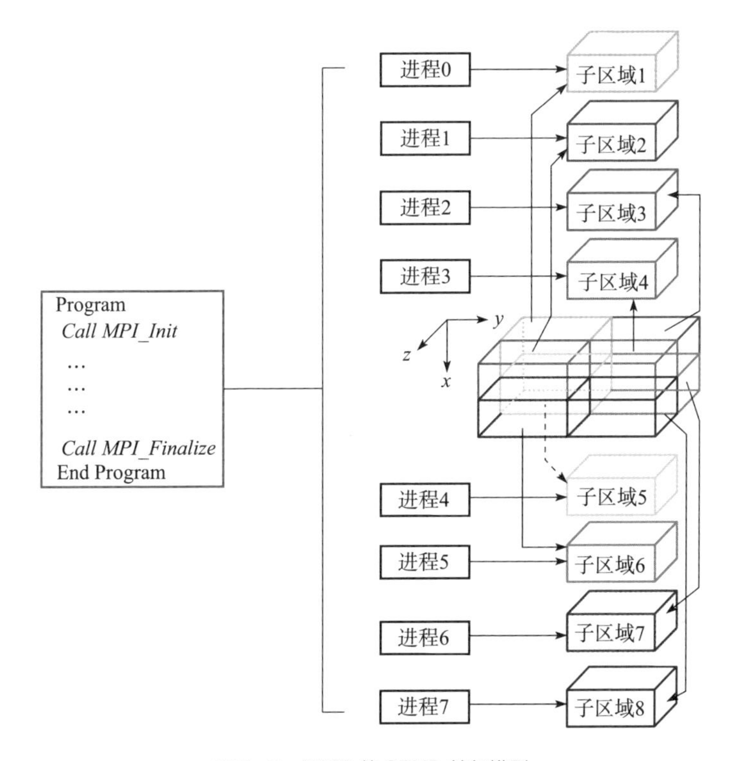

图 3-7　FDTD 的 SPMD 并行模型

如图 3-8(a) 所示，沿着三个方向建立进程虚拟拓扑，并建立相应的 FDTD 计算区域的三维分割。

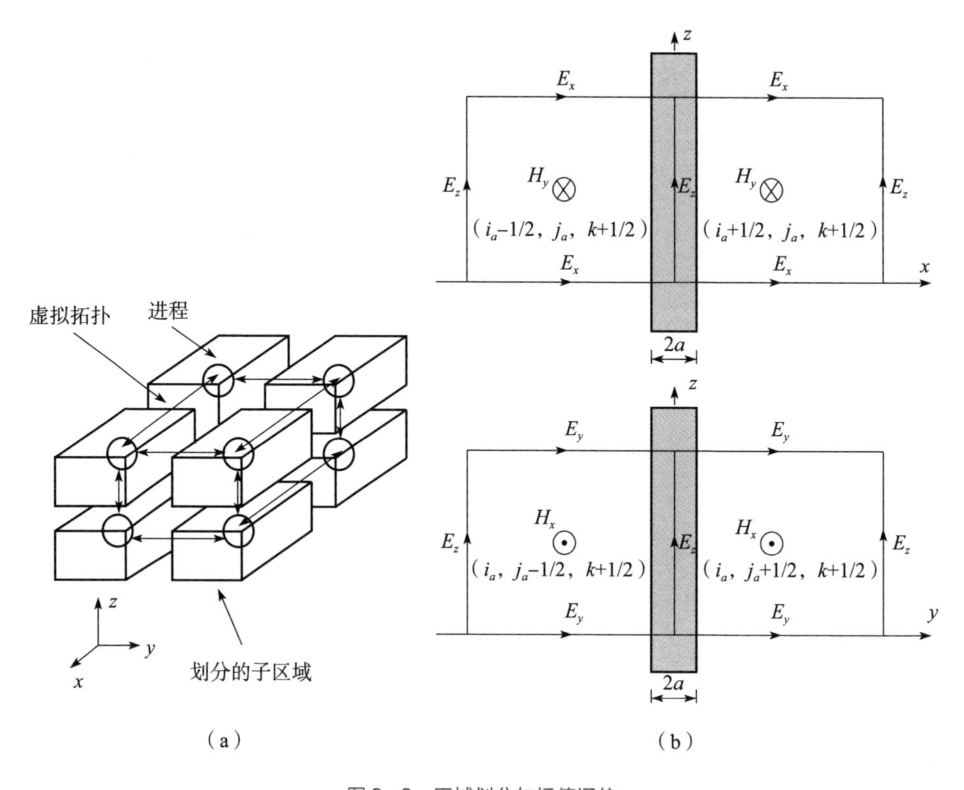

图 3-8　区域划分与场值通信
(a) 三维划分计算区域与虚拟拓扑；(b) 相邻进程间的场值传递示意。

沿三维方向分割计算区域时，会在不同的方向上出现子域交界面，子域之间所需的场值通信可以分解为若干二维情形来理解。图 3-8(b) 给出了一个 y 方向上的交界面（平行于 xoz 平面）的通信情况，可见区域 2 的电场 E_x 与 E_z 应传递给区域 1 以计算磁场交界面上的磁场 H_z 与 H_x，而区域 1 的磁场 H_x 和 H_z 应传递给区域 2 以计算电场交界面上的电场 E_z 与 E_x。

必须指出，在实现二维方向场值通信或三维方向场值通信并行 FDTD 时，处于最外层的子区域和与之相邻的内部子区域的交界面上的场值通信，与位于内部的各子区域之间的交界面上的场值通信有所不同，需要将那些处于最外层的子区域做单独处理。

在我国已实现了 FDTD 算法的超大规模并行计算，我国的超级计算机上已经有了超 10 万核并发进程的 FDTD 计算经验，FDTD 算法的计算能力也从原来的电尺寸为数十个波长提升为现在的数百个波长。这一进步的难能可贵之处在于，虽然相比于高阶矩量法、快速多极子等算法在计算主体为金属类目标时处理电大尺寸目标的能力略显得不足，但当计算目标复杂化时（例如飞机、导弹的尾焰，电推进火箭的羽流，各向异性介质、时变介质等的电磁问题)，FDTD 方法所需要的内存空间的增加很小。考虑到实际的计算目标（例如导弹、飞机等）一般在一个或两个方向有较大的电尺寸，而在其他方向的电尺寸明显相对比较小，结合我国目前超级计算机的发展，事实上已经具备了接近千波长目标散射特性的计算能力。

4. 高频近似算法并行电磁计算

1）射线追踪技术研究

（1）模型适配 KdTree 的射线追踪技术。

参数曲面和片元的混合模型大大减少了场景对象个数和 KdTree 规模，线面求交可依据曲面类型自适应选择等特点，加速求交过程。

NURBS 曲面和射线的快速求交是基于参数曲面高频渐近算法（HFAM）的基础，存在剖分、凸包渐近、拟牛顿迭代和 Bezier Clipping 等求交技术，第一种和片元模型 HFAM 无异，存在几何模型精度问题；第二种效率较低；第三种在大多数情况下效率最高，但不稳定；Bezier Clipping 算法具有接近拟牛顿迭代的效率且算法稳定。

Bezier Clipping 算法的高效率实现以 NURBS 曲面的高效分割为前提。如图 3-9 所示，通过建立曲率、孔洞自适应多叉树，并从枝叶回溯重建整棵树的分割方式，可以将 NURBS 曲面快速分割成 Bezier 曲面，以加速线面求交过程。

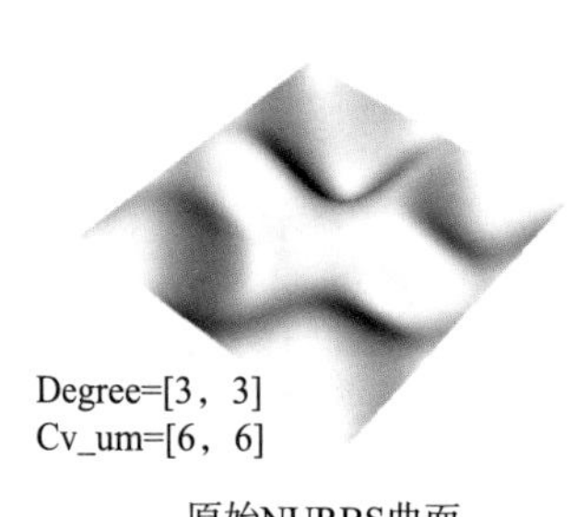

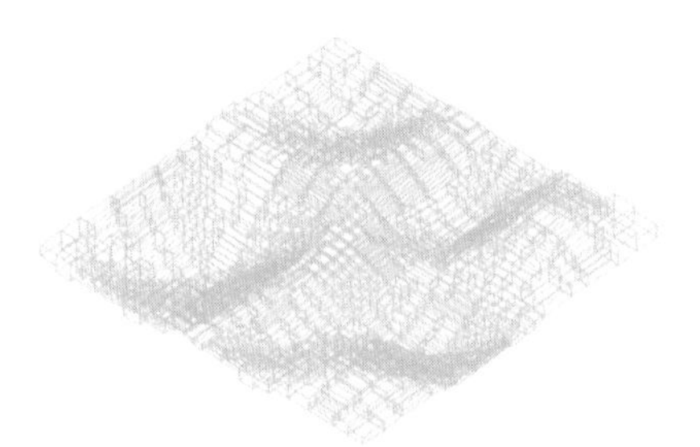

图 3-9 粗糙 NURBS 曲面的 Bezier 分割过程

上述例子中，各目标的分割均按曲率自动增减 Bezier 曲面数目，得到的 Bezier 曲面组可用于更新原 NURBS 曲面的包围盒，从而减小射线束入射平面大小，加快线面求交过程。

（2）片元模型光束追踪技术。

场景描述除了参数曲面外，还包括片元模型，即通常所指的剖分模型，它们在描述剧烈变化目标时有着不可取代的优势，其高频渐近技术通常采用射线追踪，但容易遇到射线管分裂问题，可采用光束追踪技术解决该问题，同时充分利用曲率自适应网格简化功能。

在光束追踪过程中，从虚拟面出发的光束只有一束，该光束必须覆盖整个场景在入射方向的投影。随着光束在空间的传播，每遇到三角形，将光束的投影面剪切成若干个区域，为简化求交、剪切逻辑，假定总是将剪切面分成若干个三角形。不同于射线追踪由射线和几何模型共同划分场景，光束追踪将主动权完全交于几何模型，由几何模型控制射线管的划分，避免了射线追踪过程中遇到的射线管分裂问题。

（3）金属－介质混合场景的材质自适应射线追踪技术。

电磁波在介质表面会发生透射和反射，而在遇到金属时只有反射。在金属－介质混合场景中，金属对电磁波的作用效果是全反射，并截断透射射线。金属是反射不产生透射的材质，在射线追踪时，可以做特殊的处理。除了金属、吸波材料等个别特殊材质外，电磁波在大部分材质间都会发生反射和透射。那么在给定的边界处，对于一个特定的入射射线，基于Snell定律就可以得到它的反射和透射射线。而对于整个追踪过程，结合计算机图形中的光线追踪技术，对每一条射线管，进行材质和场景双重自适应式的追踪，确定其自身包括其分裂射线管的最终路径。

① 金属－分层介质目标的射线追踪技术。

分层均匀介质中，射线的行为同无限大多层均匀介质中的射线行为是类似的。射线管能够在边界处产生完整的反射射线管和透射射线管而不会分裂。更多地排除由于几何边界和剖分面元边界引起的射线管分裂，极大地简化了射线追踪的过程，提高了效率。

② 金属－均匀介质目标的射线追踪技术。

由于均匀介质目标的几何结构更为复杂，因此它的边界和剖分面元数目更加多。这使得射线管在发生反射和透射的同时，在边界处时常会发生射线管分裂。如此一来每一次弹跳将会产生更多的射线管。可见对于金属－均匀介质目标的射线追踪技术来说，其关键在于对于每一次弹跳时，射线管分裂的掌控。采用逐级相连的形式，将该次弹跳同下一次弹跳相关联。当射线管遇到边界时，首先根据边界处的面元剖分，分裂成若干射线管。完成分裂后，对于分裂后的每一根射线管再分别产生他们对应的反射射线和透射射线，这些射线将作为下一次弹跳的分裂射线管。这里指出，为了保证两级弹跳的关联性，只有在分裂后才会将射线管保存起来。这样一来，分裂后的每根射线管将是下一次弹跳分裂时的父射线管。如此就能将射线管分裂和发生反射透射这两个过程很好地区分开来。

③ 金属-介质复合目标射线追踪的截断技术。

如前所述，截断技术在射线追踪实现过程是必不可少的技术。由于不可能模拟电磁波在空间中无穷次的反射和透射，所以需要利用阶段技术提取电磁波主要能量所分布的路径，并当路径上电磁能量衰减到微小时停止对该路径的追踪。好的截断技术不仅保证计算的精度，而且还有助于计算效率的提升。目前，最为流行的截断方式是射线弹跳次数截断，即当射线弹跳次数超过设定值时即可停止追踪。而自由空间中和介质内部射线管的幅度和相位变换存在比较大的差异，为了更好地体现这一差异对于电磁波能量分布的影响，设定最大弹跳次数和最大透射次数双阈值钳制。最大弹跳次数的设定根据模型的差异，可设定一个经验值。而最大透射次数则考虑介质的衰减性质，对于衰减比较大的介质目标，可以设定较小的透射次数，以体现电磁波能量在介质中衰减较快。若是介质目标衰减较小，则一般设定为弹跳最大次数的一半。

2）PO 高频算法并行技术研究

大规模并行高频算法主要通过研究基于电流（PO）和射线（SBR、PTD、GTD）的高频算法并行策略。基于 MPI 并行环境，研究多处理器的超大规模分布式并行计算技术，在此基础上，进一步研究高频算法的 CPU、GPU 混合并行计算技术，力求获得理想加速比。

高频算法并行策略的关键是如何进行网格分配以有助于负载平衡。目标几何上临近的区域，通常剖分所得到的网格的编号大体上是连续的。若是将编号相邻的网格分给不同的 CPU 进程（或 GPU 流处理器），如图 3-10 所示，以 120 个网格分配到 4 个进程为例，则网格 1、5、9…分配到进程 0，网格 2、6、10…分配到进程 1，网格 3、7、11…分配到进程 2，网格 4、8、12…分配到进程 3。这可以根据网格编号除以进程总数所得的余数是否等于某一个进程的 ID 值来实现。

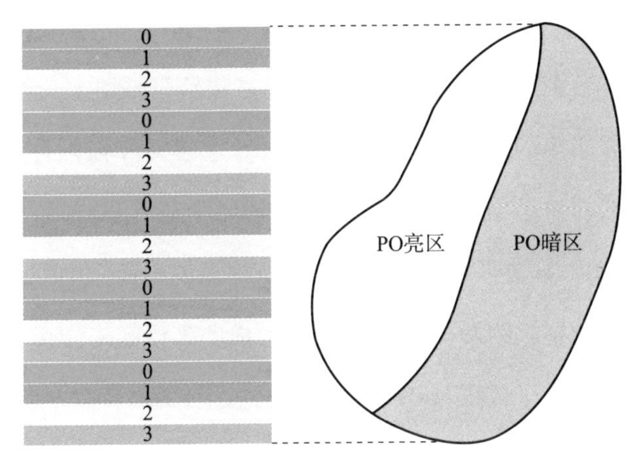

图 3-10　PO 网格的循环分配策略

这种方法可有效控制不同进程中的绝大多数网格在 PO 区域中的分布相似，也就是大体上使得处于 PO 暗区或者 PO 亮区的网格在各个进程中的个数相同，从而保证了负载平衡。PO 电流的并行计算和并行遮挡判断都可以采用此方法。

3.2.2　基于不同算法的不同空间区域之间的协同计算

1. 矩量法-物理光学协同算法

现代工程设计非常需要将飞机平台作为一个整体来考虑，即对其电磁辐射与散射性能进行一体化评估。精确的分析方法是对载体平台进行整体建模，然后利用全波算法计算其性能。然而，整机平台通常为电超大尺寸，这使得全波法的计算效率相当低。多数情况下，飞机平台目标可以表述为雷达天线等精细结构与载机机身耦合而成。对于非精细结构的计算，在不利用全波算法而采用高频近似法的情况下，往往也能获得较好的计算精度。此时，若能将全波法与高频近似法进行结合，首先从目标的结构、入射波方向、观察角度等信息出发，预估其电磁特性、确定主要贡献，而后根据目标的结构特点选择相应的求解方法：对于雷达天线等复杂精细结构采用全波法进行精确求解，而对载体平台结构采用高频法近似求解，最终形成高频-全波混合算法，这将在保证计算精度的前提下，极大提高计算速度、降低内存需求。比较简单而通用的混合算法是结合 MoM 与高频物理光学法（PO）所形成的迭代型 MoM-PO。其中 PO 算法可以使用包含了相位信息的大面元物理光学（LEPO）基函数，用来剖分更大的网格单元，以期来减少高频区未知量的数目从而降低计算复杂度，减少了传统 MoM-PO 混合方法的计算时间并扩大了求解规模。混合算法结合了全波法和高频近似法各自的优点，利用区域分解的概念，在不同区域选择了一种最为适合该区域的求解方案，这样可在保证计算精度的前提下，以更高的计算效率来求解载体平台的电磁特性。

具体而言，根据目标不同部分的结构特点划分为不同区域：将雷达天线等包含精细结构的区域定义为全波法区域，采用体面积分方程（VSIE）进行数值建模并用 MoM 求解；将机身、机翼等平滑区域定义为高频区域，采用 LEPO 建模。假设全波区的金属表面与介质体分别用 S 和 V 表示，在入射波（$\boldsymbol{E}^{i}$，$\boldsymbol{H}^{i}$）的激励下，将全波区与高频区产生的等效电磁流分别定义为$\boldsymbol{J}_{\mathrm{M}}(\boldsymbol{r})$、$\boldsymbol{M}_{\mathrm{M}}(\boldsymbol{r})$ 与 $\boldsymbol{J}_{\mathrm{P}}(\boldsymbol{r})$、$\boldsymbol{M}_{\mathrm{P}}(\boldsymbol{r})$，则在全波区可建立表面积分方程（SIE）

与体积分方程（VIE）联立而成的 VSIE，即

$$
\text{SIE: } \boldsymbol{n}(\boldsymbol{r}) \times [L(\boldsymbol{J}_{\mathrm{M}}) - K(\boldsymbol{M}_{\mathrm{M}}) + L(\boldsymbol{J}_{\mathrm{P}}) - K(\boldsymbol{M}_{\mathrm{P}}) + \boldsymbol{E}^{i}(\boldsymbol{r})] = 0 \quad \boldsymbol{r} \in S
$$

$$
\text{VIE: } \begin{cases} \boldsymbol{E}(\boldsymbol{r}) - L(\boldsymbol{J}_{\mathrm{M}}) + K(\boldsymbol{M}_{\mathrm{M}}) - L(\boldsymbol{J}_{\mathrm{P}}) + K(\boldsymbol{M}_{\mathrm{P}}) = \boldsymbol{E}^{i}(\boldsymbol{r}) \\ \boldsymbol{H}(\boldsymbol{r}) - K(\boldsymbol{J}_{\mathrm{M}}) - \dfrac{1}{\eta_0^2} L(\boldsymbol{M}_{\mathrm{M}}) - K(\boldsymbol{J}_{\mathrm{P}}) - \dfrac{1}{\eta_0^2} L(\boldsymbol{M}_{\mathrm{P}}) = \boldsymbol{H}^{i}(\boldsymbol{r}) \end{cases} \quad \boldsymbol{r} \in V
$$

$$
(3-34)
$$

依据金属表面的边界条件，高频区的表面等效电磁流可表示为

$$
\begin{aligned} \boldsymbol{J}_{\mathrm{P}}(\boldsymbol{r}) &= 2\delta \hat{\boldsymbol{n}} \times \left[\boldsymbol{H}^{i}(\boldsymbol{r}) + K(\boldsymbol{J}_{\mathrm{M}}) + \frac{1}{\eta_0^2} L(\boldsymbol{M}_{\mathrm{M}}) \right] \\ \boldsymbol{M}_{\mathrm{P}}(\boldsymbol{r}) &= 2\delta \hat{\boldsymbol{n}} \times [\boldsymbol{E}^{i}(\boldsymbol{r}) + L(\boldsymbol{J}_{\mathrm{M}}) - K(\boldsymbol{M}_{\mathrm{M}})] \end{aligned} \quad (3-35)
$$

式中：δ 为 PO 法中的遮挡因子。

线性算子 L 与 K 的表达式为

$$
\begin{cases} L(\boldsymbol{X}_{\tau}) = -\mathrm{j}\omega\mu_0 \left[\displaystyle\int_{\tau} \boldsymbol{X}_{\tau}(\boldsymbol{r}') G(\boldsymbol{r}, \boldsymbol{r}') \mathrm{d}\tau' + \frac{1}{k_0^2} \nabla \int_{\tau} \nabla' \cdot \boldsymbol{X}_{\tau}(\boldsymbol{r}') G(\boldsymbol{r}, \boldsymbol{r}') \mathrm{d}\tau' \right] \\ K(\boldsymbol{X}_{\tau}) = -\displaystyle\int_{\tau} \boldsymbol{X}_{\tau}(\boldsymbol{r}') \nabla \times G(\boldsymbol{r}, \boldsymbol{r}') \mathrm{d}\tau' \end{cases}
$$

$$
(3-36)
$$

应用 MoM 对式（3－34）进行求解，得到矩阵方程

$$
(\boldsymbol{Z}_{\mathrm{MM}} + \boldsymbol{Z}_{\mathrm{MP}} \boldsymbol{Z}_{\mathrm{PM}}) \boldsymbol{I}_{\mathrm{M}} = \boldsymbol{V}_{\mathrm{M}} - \boldsymbol{Z}_{\mathrm{MP}} \boldsymbol{I}_{\mathrm{P}}^{(0)} \quad (3-37)
$$

式中：$\boldsymbol{Z}_{\mathrm{MM}}$ 为 MoM 自阻抗矩阵；$\boldsymbol{Z}_{\mathrm{MP}}$ 为 PO 对 MoM 作用的互阻抗矩阵；$\boldsymbol{Z}_{\mathrm{PM}}$ 为 MoM 对 PO 作用的互阻抗矩阵；$\boldsymbol{I}_{\mathrm{M}}$ 为 MoM 未知系数向量；$\boldsymbol{I}_{\mathrm{P}}^{(0)}$ 为 PO 初始电流系数；$\boldsymbol{V}_{\mathrm{M}}$ 为 MoM 激励向量。

利用基函数对电磁流进行展开，其中全波区的基函数可采用广为使用的

RWG 与 SWG 基函数，而高频区有多种基函数可供选择，拟采用考虑了相位变化的相位提取基函数来展开未知电流分布。传统 PO 基函数与相位提取基函数的表达式为

$$\boldsymbol{f}_i^{\mathrm{PO}}(\boldsymbol{r})=\begin{cases}\dfrac{l_i}{2A_i^+}\boldsymbol{\rho}_i^+ & \boldsymbol{r}\in S_i^+\\[2ex] \dfrac{l_i}{2A_i^-}\boldsymbol{\rho}_i^- & \boldsymbol{r}\in S_i^-\end{cases}\tag{3-38}$$

$$\boldsymbol{f}_i^{\mathrm{LEPO}}(\boldsymbol{r})=\begin{cases}\dfrac{l_i}{2A_i^+}\mathrm{e}^{-\mathrm{j}\boldsymbol{k}_\rho\cdot(\rho_i^+-\rho_{ic}^+)}\boldsymbol{\rho}_i^+ & \boldsymbol{r}\in S_i^+\\[2ex] \dfrac{l_i}{2A_i^-}\mathrm{e}^{-\mathrm{j}\boldsymbol{k}_\rho\cdot(\rho_i^--\rho_{ic}^-)}\boldsymbol{\rho}_i^- & \boldsymbol{r}\in S_i^-\end{cases}\tag{3-39}$$

式中：$\rho_i^\pm=\pm(\boldsymbol{r}-\boldsymbol{r}_i^\pm)$；$\boldsymbol{r}_i^\pm$ 为正负三角形的自由顶点；$\boldsymbol{k}_\rho$ 为入射到基函数电磁波的波矢量；$\boldsymbol{\rho}_{ic}^\pm$ 为 $\boldsymbol{\rho}_i^\pm$ 在三角形 $S_i^\pm$ 的重心 $\boldsymbol{r}_{ic}^\pm$ 处对应的值。

可以看出，相位提取基函数对传统 PO 基函数进行相位修正，这样做有两点好处：①基函数考虑了电流的相位变化之后，可以利用较粗的网格对高频区进行剖分，其网格尺寸一般可达几个波长，这极大地减少了高频区未知量的数目、降低了计算量和存储量；②这种基函数的幅度变化部分仍然可以利用 MoM 全波区域的基函数表示，这样就可以保证两种不同算法区域之间过渡区电流的连续性。这种基于相位提取基函数的 PO 法也称为大面元物理光学（LEPO）法。

2. 有限元－矩量法协同算法

电磁场中频域求解麦克斯韦方程组的方法通常归为两类：一类是基于积分方程，积分方程类方法在分析均匀介质问题时，只需离散物体的表面，所

得到的未知数的个数相对小，这类方法的代表就是矩量法。另一类是基于偏微分方程，它通常需要离散整个空间，因此最后生成的线性方程的未知数通常很大，但是它们的运算复杂度通常不高，尤其对波导等的金属包围问题。这一类方法还非常适合分析复杂媒质问题。有限元法就是偏微分方程类解法中的佼佼者。有限元法的一个明显的缺点是分析开放结构问题必须采用吸收边界条件，而吸收边界在很多时候效率不高，比如在碰到长细结构的物体时。这个时候，离散在吸收边界区域的未知量造成最后生成的矩阵大幅度地扩大。而矩量法作为积分方程类的解法在分析开域的表面问题时十分有效，因为它只要物体表面进行离散，没有增加多余的未知数。因此，有学者将这两个方法结合起来，称为有限元边界积分法（FEBI），利用有限元法处理物体的内部复杂材料，避免了矩量法对这一问题需要不同的积分方程来建模的缺点，利用矩量法分析物体的没闭合的区域，避免了使用吸收边界条件。这一方法已经在电磁场散射、传输、电磁兼容、辐射等问题中广泛应用，是功能极其强大的求解方法，下面以带有介质涂层的金属物体目标散射为例介绍这一技术的实现过程。

如图 3-11 所示为一个带有介质涂层的金属体，以涂层体的最外层边界面 S_e 将整个区域分成两个区域，面内的体 V 为非均匀介质层，面外为自由空间，或无限大的背景空间。平面波从外照射到这一涂层体上，S_i 是金属闭合表面，因此其内部结构可以不必考虑。

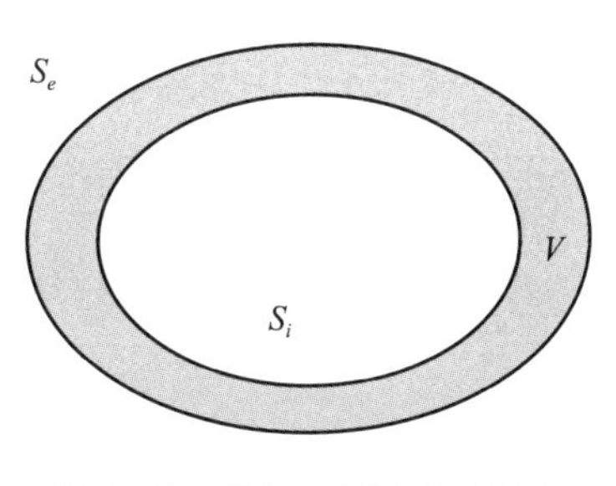

图 3-11　带有介质涂层的金属体

在分析时，将 V 区域内的场用有限元法建立方程，对于外部自由空间区域中的场，用矩量法建立方程，然后让这两部分的场在边界上满足连续性条件，建立一个完整的可以求解的方程。根据这一思路，可以写出相应部分的公式如下。

有限元法部分：

$$\begin{cases}\nabla\times\left(\dfrac{1}{\mu_r}\nabla\times\boldsymbol{E}\right)-k_0^2\varepsilon_r\boldsymbol{E}=0 & \boldsymbol{r}\in V\\ \hat{\boldsymbol{n}}\times\left(\dfrac{1}{\mu_r}\nabla\times\boldsymbol{E}\right)=-\mathrm{j}k_0\hat{\boldsymbol{n}}\times\overline{\boldsymbol{H}} & \boldsymbol{r}\in S_e\\ \hat{\boldsymbol{n}}\times\boldsymbol{E}(\boldsymbol{r})=0 & \boldsymbol{r}\in S_i\end{cases}\tag{3-40}$$

式中：$\overline{\boldsymbol{H}}$ 为 $\eta\boldsymbol{H}$。

将式（3-40）写成变分形式，可得

$$F(\boldsymbol{E})=\frac{1}{2\mathrm{j}k_0}\iiint_V\left[\frac{1}{\mu_r}(\nabla\times\boldsymbol{E})\cdot(\nabla\times\boldsymbol{E})-k_0^2\varepsilon_r\boldsymbol{E}\cdot\boldsymbol{E}\right]\mathrm{d}V+\eta\oint\!\!\!\oint_S(\boldsymbol{E}\times\boldsymbol{H})\cdot\hat{\boldsymbol{n}}\mathrm{d}S\tag{3-41}$$

式（3-41）中 $\boldsymbol{H}$ 只在表面出现，因此可以转换为

$$F(\boldsymbol{E})=\frac{1}{2\mathrm{j}k_0}\iiint_V\left[\frac{1}{\mu_r}(\nabla\times\boldsymbol{E})\cdot(\nabla\times\boldsymbol{E})-k_0^2\varepsilon_r\boldsymbol{E}\cdot\boldsymbol{E}\right]\mathrm{d}V-\oint\!\!\!\oint_S\boldsymbol{E}\cdot\overline{\boldsymbol{J}}_s\mathrm{d}S\tag{3-42}$$

式中：$\overline{\boldsymbol{J}}$ 为 $\eta\boldsymbol{J}$。

将 $\boldsymbol{E}$ 与 $\overline{\boldsymbol{J}}_s$ 分别用矢量四面体有限元基函数及表面 RWG 基函数展开

$$\begin{aligned}\boldsymbol{E}&=\sum_{n=1}^{M}\boldsymbol{W}_nE_n\\ \overline{\boldsymbol{J}}_s&=\sum_{n-1}^{N_s}\overline{J}_n\boldsymbol{f}_n\end{aligned}\tag{3-43}$$

对上述泛函求变分，可写出

$$\begin{bmatrix} \boldsymbol{K}_{II} & \boldsymbol{K}_{IS} & \boldsymbol{0} \\ \boldsymbol{K}_{SI} & \boldsymbol{K}_{SS} & \boldsymbol{B} \end{bmatrix} \begin{Bmatrix} \boldsymbol{E}_I \\ \boldsymbol{E}_S \\ \bar{\boldsymbol{J}}_s \end{Bmatrix} = \begin{Bmatrix} \boldsymbol{0} \\ \boldsymbol{0} \end{Bmatrix} \tag{3-44}$$

$$\boldsymbol{K}_{mn} = \sum_e K_{i_m j_n}^e \tag{3-45}$$

$$K_{i_m j_n}^e = \frac{1}{\mathrm{j}k_0} \iiint_V \left[\frac{1}{\mu_r^e} (\nabla \times \boldsymbol{W}_i^e) \cdot (\nabla \times \boldsymbol{W}_j^e) - k_0^2 \varepsilon_r^e \boldsymbol{W}_i^e \cdot \boldsymbol{W}_j^e \right] \mathrm{d}V \tag{3-46}$$

$$\boldsymbol{B}_{mn} = -\int_S \boldsymbol{w}_m \cdot \boldsymbol{f}_n \mathrm{d}S = -\int_S \sum_e \boldsymbol{w}_{i_m} \cdot \boldsymbol{f}_n \mathrm{d}S \tag{3-47}$$

式中：i_m 为全局边 m 在第 e 个单元内的局部编号 i；j_n 为全局边 n 在第 e 个单元内的局部编号 j。

下面进行的体有限元基函数与表面矩量法之间的关系的分析将可看出，$\boldsymbol{K}$ 与 $\boldsymbol{B}$ 都是稀疏矩阵。并且 $\boldsymbol{K}$ 是对称阵，而 $\boldsymbol{B}$ 是反对称阵。值得说明的是，有限元采用的基函数与矩量法中基函数的要求不同之处在于矢量有限元法中要求基函数的切向分量满足物理量的边界条件，而矩量法是要求法向分量满足物理量的边界条件。

对 S_e 外表面及以外区域，可以用积分方程表示，有两种积分方程，电场积分方程与磁场积分方程，分别写为

$$\boldsymbol{E}^{\mathrm{inc}}(\boldsymbol{r}) = \frac{1}{2}\boldsymbol{E}(\boldsymbol{r}) + L(\bar{\boldsymbol{J}}_s) - K(\boldsymbol{M}_s) \tag{3-48}$$

$$\bar{\boldsymbol{H}}^{\mathrm{inc}}(\boldsymbol{r}) = \frac{1}{2}\bar{\boldsymbol{H}}(\boldsymbol{r}) + L(\boldsymbol{M}_s) + K(\bar{\boldsymbol{J}}_s) \tag{3-49}$$

式中：$\bar{\boldsymbol{J}}_s = \eta \hat{\boldsymbol{n}} \times \boldsymbol{H}$；$\boldsymbol{M}_s = \boldsymbol{E} \times \hat{\boldsymbol{n}}$。

$$L(\boldsymbol{X}) = \mathrm{j}k_0 \oiint_S \boldsymbol{X}(\boldsymbol{r}')G_0(\boldsymbol{r},\boldsymbol{r}')\mathrm{d}S' + \oiint_S \frac{\mathrm{j}}{k_0} \nabla' \cdot \boldsymbol{X}(\boldsymbol{r}') \nabla G_0(\boldsymbol{r},\boldsymbol{r}')\mathrm{d}S' \tag{3-50}$$

$$K(\boldsymbol{X}) = \oiint_S \boldsymbol{X}(\boldsymbol{r}') \times \nabla G_0(\boldsymbol{r},\boldsymbol{r}')\mathrm{d}S' \tag{3-51}$$

对电场积分方程与磁场积分方程按一定规则组合后，用 RWG 基函数测试，得到一组线性方程组

$$[\boldsymbol{P} \quad \boldsymbol{Q}]\begin{Bmatrix}\boldsymbol{E}_S \\ \bar{\boldsymbol{J}}_s\end{Bmatrix} = \{\boldsymbol{b}\} \tag{3-52}$$

式中：$\boldsymbol{P}$ 与 $\boldsymbol{Q}$ 为稠密矩阵。

将式（3-44）与式（3-52）联立，得到下列方程，求解该方程即可得到结构表面电流和内部场分布信息。

$$\begin{bmatrix}\boldsymbol{K}_{II} & \boldsymbol{K}_{IS} & \boldsymbol{0} \\ \boldsymbol{K}_{SI} & \boldsymbol{K}_{SS} & \boldsymbol{B} \\ \boldsymbol{0} & \boldsymbol{P} & \boldsymbol{Q}\end{bmatrix}\begin{Bmatrix}\boldsymbol{E}_I \\ \boldsymbol{E}_S \\ \bar{\boldsymbol{J}}_s\end{Bmatrix} = \begin{Bmatrix}\boldsymbol{0} \\ \boldsymbol{0} \\ \boldsymbol{b}\end{Bmatrix} \tag{3-53}$$

利用上述 FEBI 算法分析一涂层金属球的双站雷达散射截面（RCS），金属球直径为 $6\lambda_0$，涂层厚度为 $0.025\lambda_0$，介电常数为 $\varepsilon_r = 2-\mathrm{j}$，离散后的有限元法未知量为 69187，矩量法部分的未知数是 29700。计算结果如图 3-12 所示，FEBI 计算结果与 MIE 级数解吻合得很好，证明了 FEBI 算法的正确性。

3.2.3 电磁协同计算平台

电磁协同计算平台不同于一般的计算平台。一般的计算平台在物理上相对集中，计算设备、存储设备在同一大型机房中，相互之间通过高速网络互联。电磁协同计算平台整体在物理上呈广布分散的形态，由相对集中的若干计算中心构成，计算中心间通过高速网络互联。大型计算任务将分解至各个计算中心协同计算，合理的资源组织策略应同时保证各计算中心有相对均衡的负载，可以高效地执行计算任务。即同时保证计算中心和用户两方面的利益。

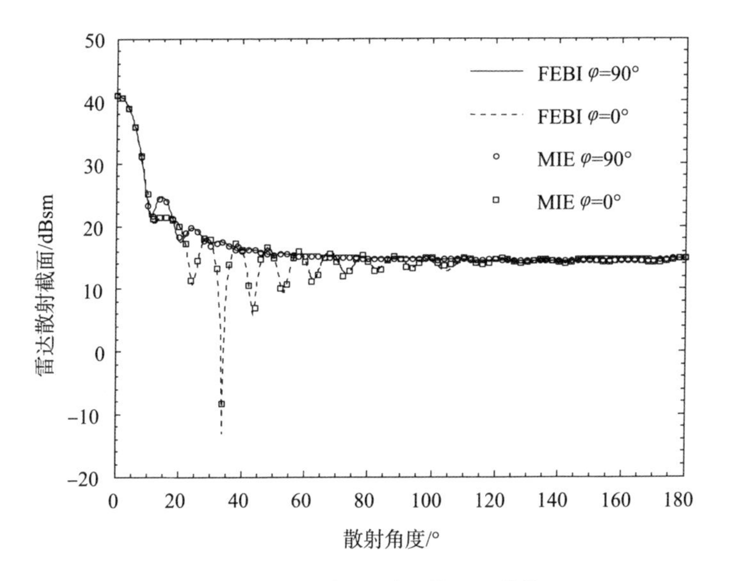

图 3-12　涂层金属球的双站 RCS 曲线

资源协同架构下的电磁计算平台可根据任务需求进行灵活的分配，在有限物理集群上提供多种异构运行环境，极大提高物理资源的利用率和电磁计算能力。而构建一个电磁计算任务与资源高效可靠协同的电磁协同计算平台，必须建立与复杂电磁计算任务与资源相适应的计算架构。

1. 计算平台系统组成

分布式网络化电磁协同计算环境由中心管理节点和各计算节点等组成，并利用 IPv6 网络与高校及互联网连接。分布式网络化电磁协同计算平台的系统组成架构如图 3-13 所示。

电磁协同计算环境设备组成如图 3-14 所示，包括计算节点、存储资源、电磁计算平台应用服务器、电磁数据应用服务器、协同计算任务调度服务器、负载均衡服务器组成。其中管理节点负责任务的管理、资源的调度以及全网的网络管理，为仿真计算平台提供用户管理、任务管理和资源调度；计算节

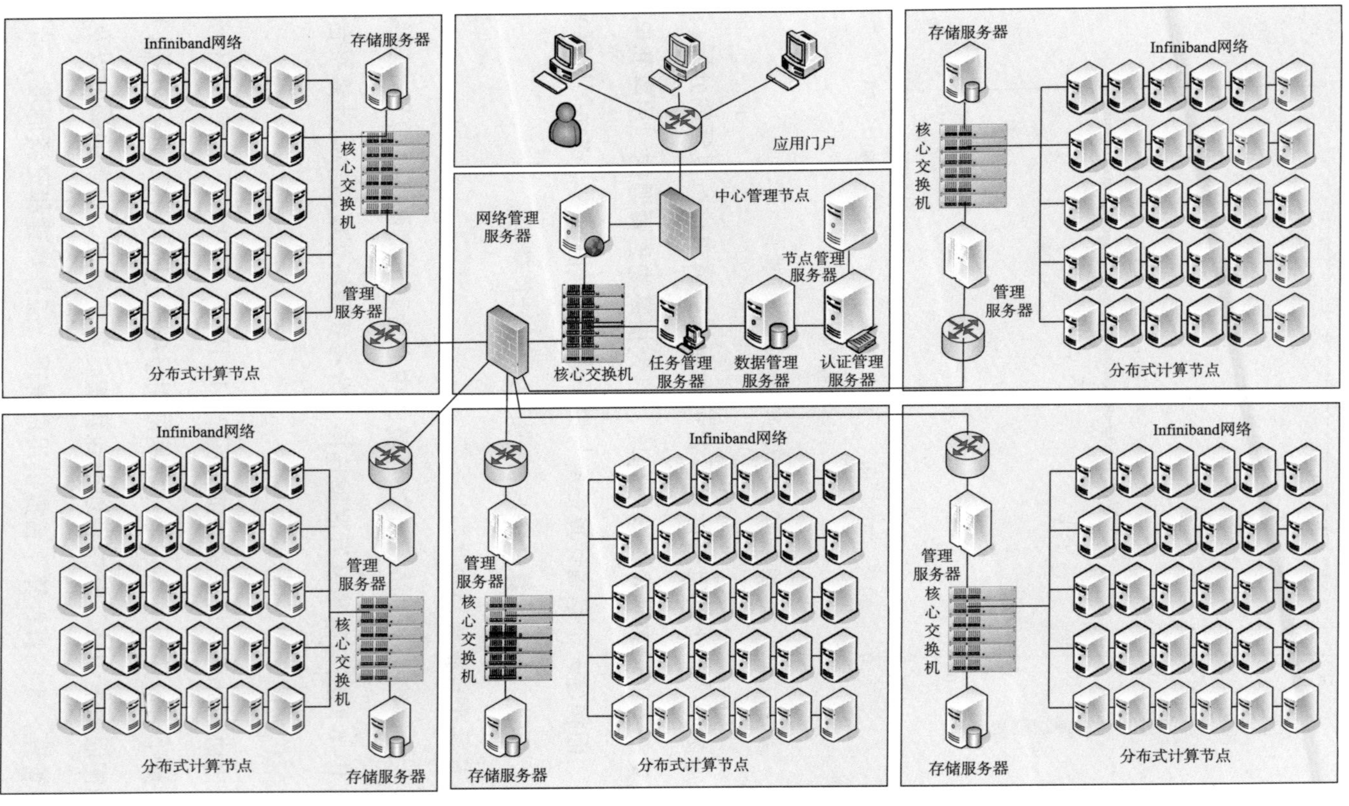

图3-13 分布式网络化电磁协同计算平台的系统组成架构图

点用于部署具有自主知识产权的工业应用级电磁辐射与散射仿真分析体系软件，如高阶矩量法、时域有限差分法、快速多极子方法、时域有限元法、时域积分方程法、高频算法等计算软件，用于精确仿真大型天线、天线阵列以及复杂散射体等金属介质混合目标；存储资源用于存储电磁数据仿真数据、仿真模型、计算模型等数据；电磁计算平台应用服务器用于部署电磁计算平台服务，为用户提供电磁计算服务和数据服务；电磁数据应用服务器用于部署电磁数据前处理、挖掘等数据服务；协同计算任务调度器用于部署任务调度算法软件，实现基于用户的请求高效调度计算资源和软件资源；负载均衡服务器用于实现计算节点均衡、高效地运行。

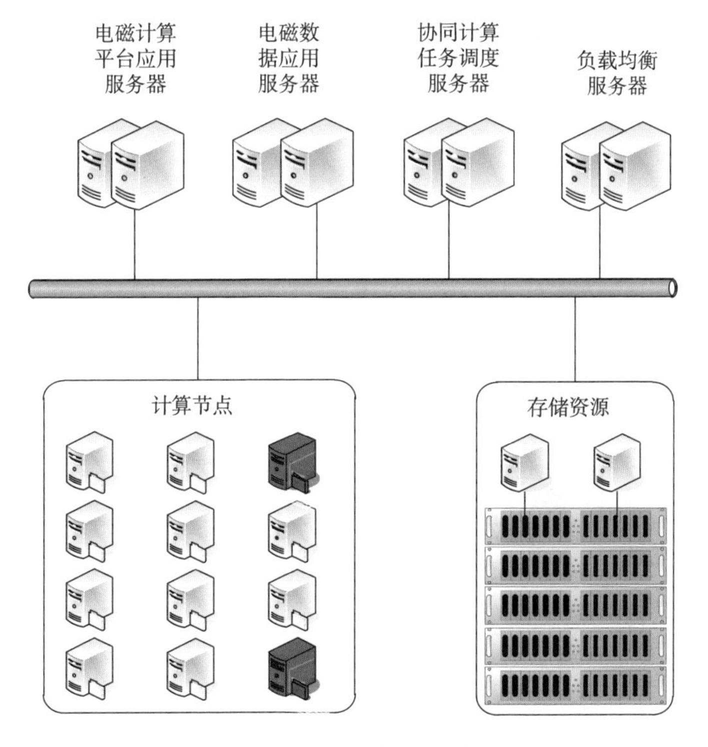

图 3-14　计算平台设备组成图

2. 计算平台网络建设

1）多业务 IPv6 网络支撑平台

分布式网络化电磁协同计算平台架构的接入路由器通过千兆光纤连接到 CERNET2 的边界设备。网络接入逻辑连接示意图如图 3-15 所示。为了应对数据中心互联以及各种科研实验网络和并行计算需要，目的网络需要各种类型的网关。科研网络的网络结构由科研人员自己搭建，无论网络结构如何，都可由网关网络结构提供的接口接入 CERNET2 网络，并可灵活决策是否需要某个特殊网关的处理。因此，可采用物理星型和逻辑线型的网络构架，将各种不同的网关连接到接入路由器上，网络接入物理连接示意图如图 3-16 所示。

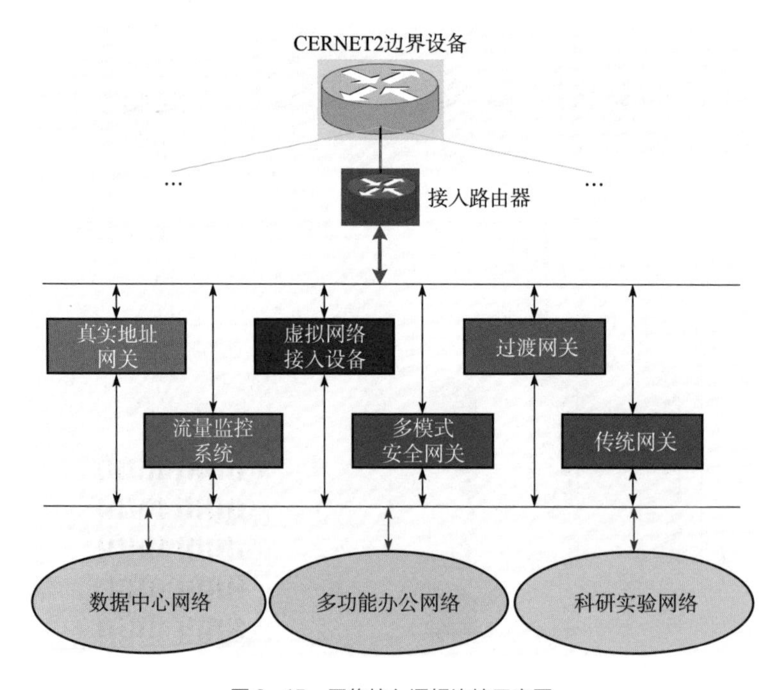

图 3-15 网络接入逻辑连接示意图

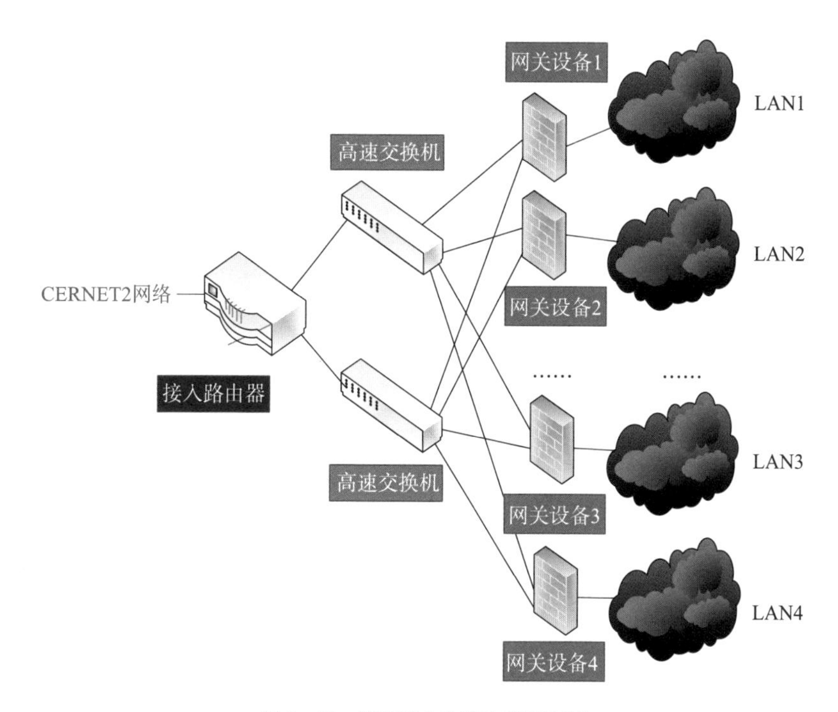

图 3-16　网络接入物理连接示意图

2）大规模数据中心互联和数据传输

为了支持全世界范围内终端用户的大规模应用服务的需要，云服务的提供商已经在世界范围内构建了多个分布的数据中心来提供可靠的数据服务业务。目前这些分布在异地的数据中心均单独地向用户提供服务，多数据中心之间无法进行数据交互共享和互相协作，无法互联成为一个整体来为终端用户提供云服务。为了满足上述需求，提出一种新的数据中心互联体系结构，使得多个大规模数据中心之间可以进行数据交互和服务，同时对于终端客户而言，远端数据中心位置和部署是透明的，用户通过统一的访问入口来获得云服务，而不必关心远端数据中心的互联和结构。

如图 3-17 所示为多个数据中心互联体系结构，它由客户代理、数据中心协调器、资源调度器等部分将多个数据中心和终端用户有机地连接起来，可以提供云服务调度、资源分配和负载迁移等功能。该体系结构可以将多个分布的数据中心所提供的计算和存储服务联合起来看成一个整体，由资源调度器为用户请求进行统一的调度。将各种数据中心的云服务组织成资源目录的形式，便于进行服务资源的查找和分配。

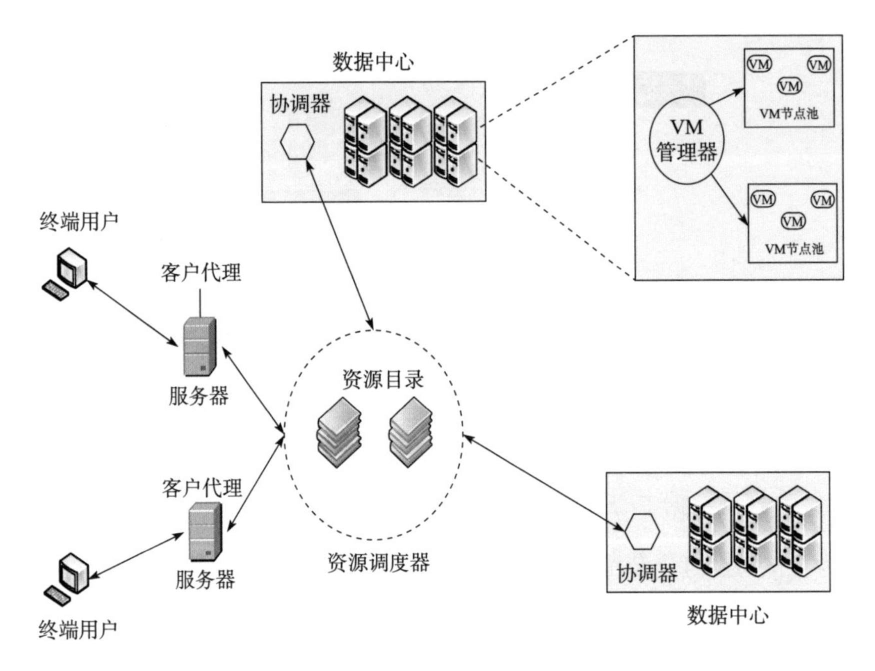

图 3-17　多个数据中心间互联体系结构

数据中心互联体系结构主要由以下几部分组成。

（1）资源调度器，基于最小代价和节能的原则来协调和调度相关数据中心为终端用户提供云服务资源；资源调度器可以实时地收集各种资源的使用和分配情况，通过合理的统一调度，做到负载均衡和对资源的协调管理。

（2）客户代理，为用户提供统一的资源访问云服务的界面，负责将用户的请求发送到资源调度器以及将结果返回给用户。

（3）数据中心协调器，将本数据中心的资源和服务注册到资源目录，便于资源调度器进行用户请求的调度，当收到用户请求时，资源调度器直接与相应数据中心的协调器进行交互，将请求转发到相应的云计算/存储服务器上。

3. 计算平台综合管理系统

电磁协同计算平台利用 CNGI 和 IPv6 网络和网格技术将分布于全国不同地方的计算资源和数据资源互联起来。在计算平台内，用户可以像操作本地计算机一样透明地使用整个平台内的各种资源，用户无需关心这些资源是由哪个用户节点提供的。由于计算平台是广域分布的，平台架构非常复杂、资源的种类和数量众多、异构性特点突出，网络状况和安全保密状况动态变化。因此，通过计算平台综合管理系统可为用户提供方便、易操作、可视化的资源和任务管理。

电磁计算平台综合管理系统主要用于管理分布于全国不同地点通过 IPv6 网络连接的电磁计算资源，数据资源、网络资源、安全管理资源等各种资源，以及根据科学计算任务的要求，提供任务生成、任务调度、任务执行、任务监控等涉及科学计算任务全生命周期的管理流程。能够支撑大规模科学计算的整个过程，包括提供大规模计算能力、存储能力、数据传输能力、数据分析能力，此外，还能够提供资源之间、人员之间以及资源和人员之间的协同能力和资源共享能力。

计算平台综合管理系统通过使用网格技术对各种资源进行封装、屏蔽资源底层的异构性、为用户提供一种统一的、同构的资源视图，利于用户和系统对广域分布的异构资源的使用和统一调度，使用户在使用广域分布的资源的时候，就像使用本机资源一样方便。此外、该管理系统获得网络信息、安全信息、传输能力信息和计算能力信息等全网络状态信息，并针对全网络状态信息的特点，使用任务调度算法，对计算任务和资源进行统一的调度，满足任务的执行要求。

为了满足提供高性能电磁协同计算能力的要求，该管理系统包括任务综合管理子系统、节点监控管理子系统、计算节点管理子系统、数据管理子系统、公共服务管理子系统等，并提供以下几种功能。

（1）异构资源的动态接入；

（2）计算任务全生命周期管理；

（3）稳定、快速和安全的文件传输；

（4）信息的实时检索；

（5）提供检查节点操作和动态迁移；

（6）任务监控和执行的性能预测。

4. 计算平台任务与资源协同调度体系架构

想要构建一个电磁计算任务与资源高效可靠协同的电磁协同计算平台，必须建立复杂电磁计算任务与资源的协同和任务级系统故障、可靠性模型，以及海量数据的高效任务并行计算模型；掌握电磁协同计算综合优化调度和电磁协同计算机理；提出电磁计算任务描述和建模、任务级容错、海量数据高效可靠存取方法，以及动态资源的协同管理算法与自适应迁移策略；设计基于中间件的电磁协同计算服务集成框架，制订电磁协同计算服务集成标准规范，为开展电磁协同计算提供理论基础和方法，并为电磁应用提供关键支撑技术。

为了将不同计算精度、不同优先级的计算任务与可用资源匹配，需要研究和构建高效电磁协同计算平台下求解器的计算任务与资源的协同模型，研究计算任务的形式化描述及建模方法，根据计算任务内部的逻辑关系和优先级别以及资源的综合使用情况，构建具体的任务与资源的协同机制。

针对电磁资源多样化、分布广、能力不均衡等特点，需要研究资源的大规模虚拟化管理方法。对各种资源，包括计算资源、存储资源和网络资源等进行虚拟化的统一管理，将每种资源根据一定的规则进行量化，并辅以延迟、距离等实时性参数，提供给不同需求的电磁计算任务，以实现各种资源的实时感知和动态调整，最终保证不同级别、不同类型求解器的计算任务速度、精度和实时性的需求。

本节主要介绍一种面向电磁计算的“物理机/虚拟机”混合计算架构。该架构根据任务需求进行灵活的分配，可以在有限物理集群上提供多种异构运行环境，极大地提高了物理资源的利用率。设计了“物理/虚拟”混合架构下面向电磁计算的资源调度算法，解决无关联关系任务执行时资源分配的问题，以及为具有通信依赖或逻辑依赖的任务提供兼顾公平性和资源利用率的资源调度方法。

1）任务协同平台

整个计算任务协同平台分为两个层次，分别为主控中心和子（计算）集群层，即“主控中心-子集群”，其整体架构如图3-18所示。

“主控中心-子集群”的两层泛型结构为基于广域网的电磁计算任务的执行提供了一个高效的计算平台，整个平台通过浏览器（或标准API调用）为终端用户提供服务。用户在终端提交任务请求后，经过广域网传递到主控节点，主控节点通过业务管理模块获得任务信息后，调用主控中心调度器依据当前平台资源实时状况做出调度，并将任务下发到各个子控节点。子控节点接到任务后，利用子中心调度器得到调度结果。

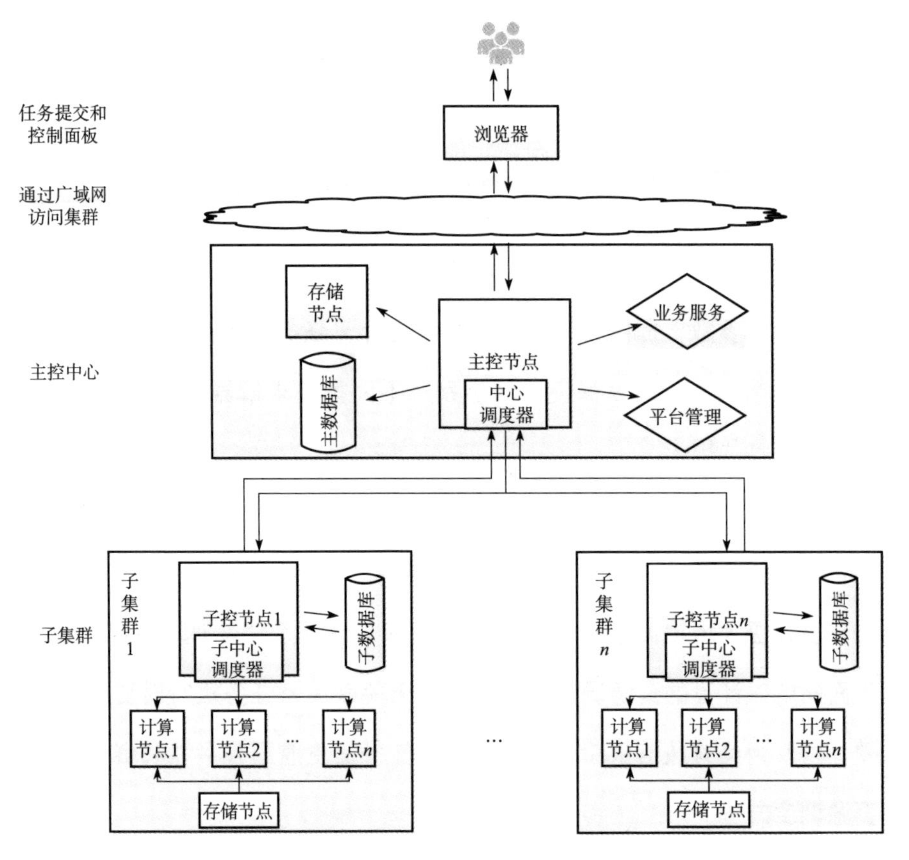

图 3-18 计算任务协同平台整体架构

在两层调度体系中，由主控中心首先对任务各属性（计算复杂度、存储容量要求、通信量、地理位置等）进行分析，根据策略将任务进一步分发至子集群的控制节点。主控中心主要完成任务接收、任务解析、资源映射、任务调度或分发、结果反馈、资源监控、用户认证、任务监控与迁移等工作，并不进行任务的具体计算，所有的计算工作都是在各个子计算中心完成的，子计算中心是真正的电磁计算任务运行承载者。当子集群控制节点调度器收到任务请求后，会执行一个算法的迭代，然后产生结果集，返回给用户。

构造协同平台的目的是将广布分散在各个工作站或服务器上的电磁资源

（包括计算资源、存储资源和网络资源等）进行统一管理，并根据电磁计算任务的需求进行统一协同调度。为此，将整个平台分为三大功能模块，分别是计算功能模块、存储功能模块和镜像服务功能模块。这些功能模块分散在各个工作站或服务器上，通过公开的应用编程接口 API 来供电磁计算任务调用，从而实现对整个平台资源的协同调度。协同平台功能构成如图 3-19 所示。

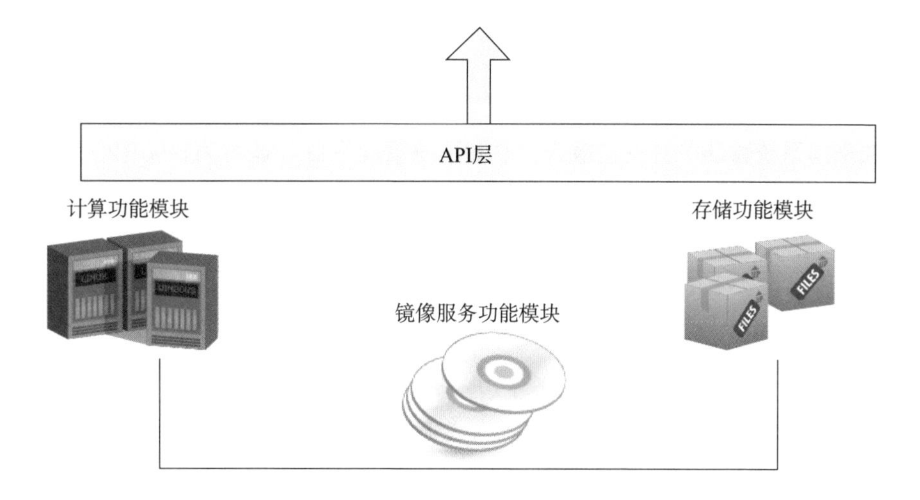

图 3-19　协同平台功能构成图

计算功能模块用来启动、运行或停止工作站或服务器上的虚拟器件镜像（虚拟器件镜像由镜像服务功能模块管理，是一个包括预配置的操作系统、中间件和应用的最小化的虚拟机）。同时，计算功能模块还用来配置虚拟机的网络。计算功能模块是整个平台的核心模块，所有的电磁计算任务都将通过它来完成。

存储功能模块是专门完成电磁计算任务运算过程中或完成后大规模数据存储的功能模块。

镜像服务功能模块用来注册、保存、管理预先安装和配置的虚拟器件镜像。为了完成电磁计算任务，通常在这些虚拟器件镜像里除了包含标准的客户机操作系统，还预装了所有能够使用的电磁计算算法。

由于提供了公开的应用编程接口 API，这三个功能模块不仅能够由电磁计算任务总体调度，而且它们之间也能实现很好的功能交互。详细的协同平台逻辑结构如图 3-20 所示。对于某个已经接入协同平台的物理设备，当它上面的硬件资源发生改变时，将由运行在该物理设备上的虚拟机管理器（KVM 或 XEN）来自动感知并完成动态调整；而对于全新接入的硬件设备，将通过该设备上计算功能模块、镜像服务功能模块或存储功能模块的公开 API 函数来向系统管理平台发送报告，通知系统管理平台（通常为控制中心）相关资源接入情况。综合以上两种情况，就可以完成资源的实时感知和动态调整。

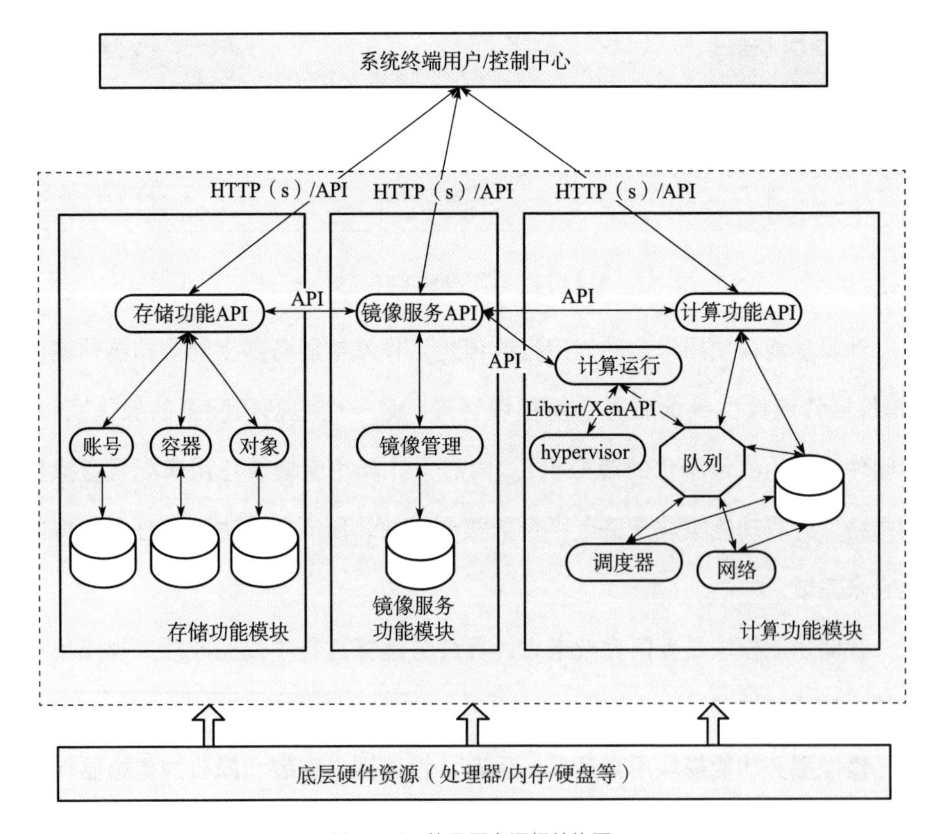

图 3-20 协同平台逻辑结构图

协同平台具体实施方案如下。

（1）选用的硬件平台：所有支持硬件虚拟化的 X86 处理器架构平台，包括 X86、X86_64、IA64 等系列处理器，还可以根据需要扩展到 ARM、PowerPC、SPARC 等处理器架构。X86 处理器架构由于其不断增强的处理能力和功能，以及低廉实惠的市场价格越来越受到用户的欢迎，为此，本系统将主要选用高端 X86 处理器硬件架构来搭建协同平台。

（2）选用的虚拟机管理器（hypervisor）：KVM 和 Xen。当子中心需要启动虚拟机来运行计算任务时，需要借助于虚拟机管理器进行因此选用了 KVM 和 Xen 两种主流的虚拟机管理器。KVM 和 Xen 均为业界优秀的开源虚拟机管理器项目，分属于 Type-Ⅱ 和 Type-Ⅰ 类型的 hypervisor，其强大的功能、处理能力和可扩展性已经得到了广泛的研究和认可。计算功能模块通过 Libvirt 库或 XenAPI 标准调用来与虚拟机管理器进行通信。由于 KVM 和 Xen 主要运行在 Linux 操作系统下，故所有的硬件平台将预装 Linux 操作系统（如 Linux 的 Ubuntu 12. 04-Server 版本）。支持的物理机/虚拟客户机操作系统：Windows 系列版本、Linux 系列版本，包括 32 位和 64 位两种内核版本架构，将来还可以根据需要扩充到其他操作系统。

（3）平台管理/控制中心：支持 Web（http/https）和控制台两种管理方式。同时，根据电磁计算资源广布分散的特点，随着网络规模的扩大，为了减少不必要的网络传输延迟，在总体网络架构上，平台将按照位置对资源进行逻辑上的区域划分，形成由“电磁核心计算中心”“电磁子计算中心”组成的分层电磁计算任务协同平台，如图 3－21 所示。

该平台通过电磁子计算中心和电磁核心计算中心的自协商机制，实现平台的动态调整和可伸缩机制。它通过在电磁核心计算中心与终端之间设置计

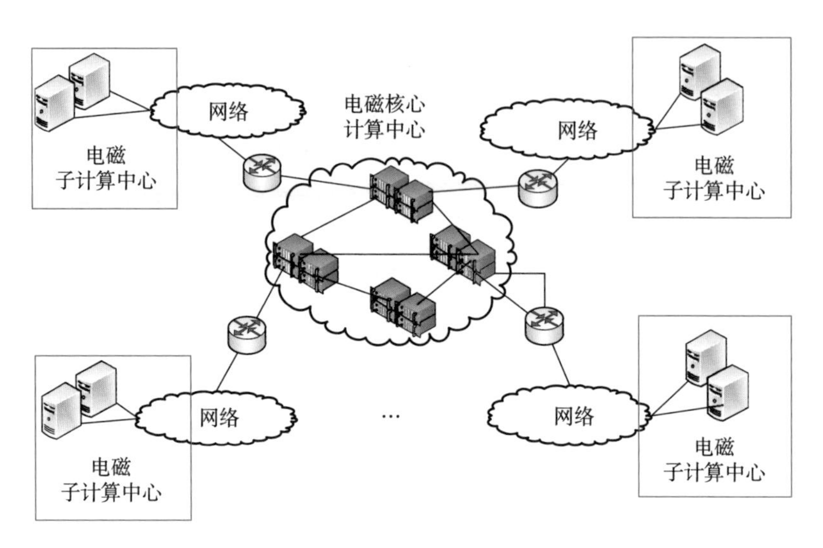

图 3-21　分层电磁计算任务协同平台图

算节点来减少电磁核心计算节点出口处的通信量，从而降低时延，保证了协同计算的 QoS。电磁核心计算中心具有强大的计算、存储能力，在电磁子计算中心的支撑下，相互协作，迅速弹性地向用户提供透明的协同计算服务。电磁核心计算中心是拥有强大的存储和计算能力的服务器集群组成的协同计算服务中心，用户根据电磁计算任务需求使用电磁核心计算中心提供的服务。电磁子计算中心：由分布在不同网络和地区的服务器节点组成，为电磁核心计算中心提供相应的计算功能，与电磁核心计算中心协作迅速并弹性地向用户提供协同计算服务。电磁子计算中心通过骨干网络与电磁核心计算中心连接，用户终端在电磁核心计算中心的协调下，就近使用电磁子计算中心提供的服务。电磁子计算中心一方面负责对电磁核心计算中心和用户终端之间的数据流进行加工（如压缩、加解密等），利用通信数据间的相关性，减少网络开销，降低时延，保证协同计算 QoS；另一方面电磁子计算中心存储终端访问协同计算服务所需要的共性数据和常用数据。

2）面向云平台的资源调度体系

依据两层调度泛型，结合 Openstack 平台功能模块，衍生出面向云平台的协同计算架构，如图 3-22 所示。子中心调度器得到调度结果后，在相应的计算节点上启动虚拟机，虚拟机从存储节点获得需要的数据，完成计算，并将任务计算结果存入数据库。主控节点更新数据库中的任务状态标志，并向提交任务的用户回馈结果。

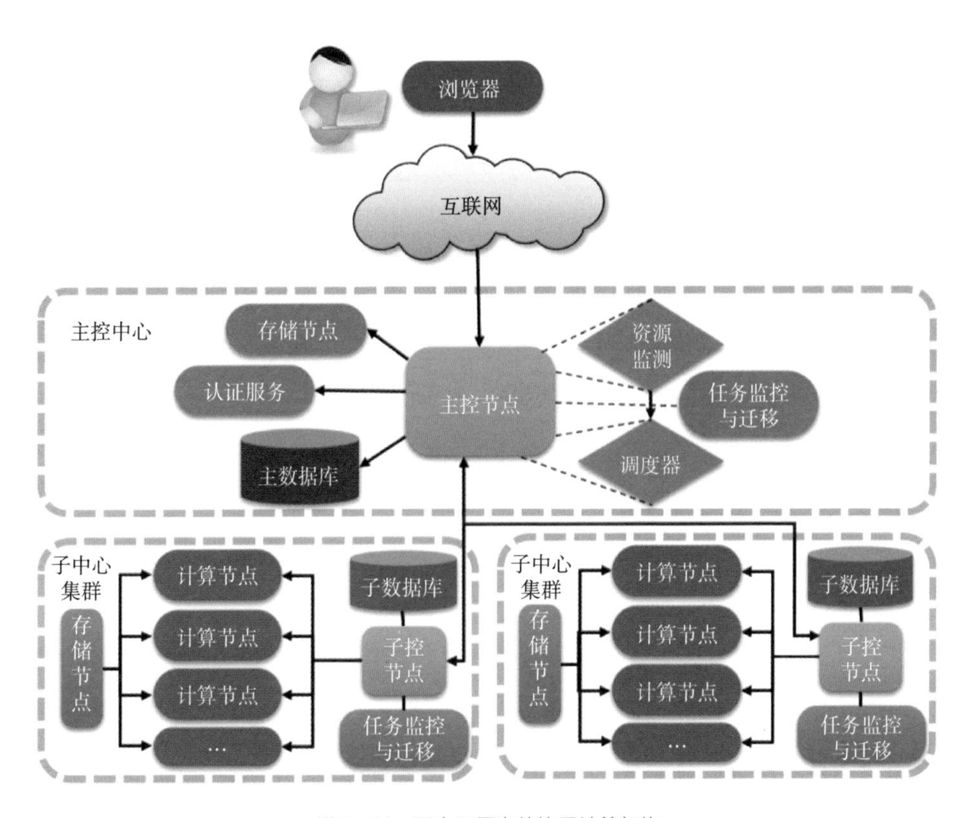

图 3-22　面向云平台的协同计算架构

（1）当用户提交任务时，首先提交至平台的主控节点，由资源监测模块（对应泛型中的业务服务层）和资源监控模块做必要的信息存储和任务信息管理工作之后，向主控调度器（对应泛型中的平台管理层）请求执行任务所需的计算资源。主控调度器在接收到资源请求之后，根据当前平台整体资源情况和各子集群资源分布情况，决定资源调度结果，根据资源调度结果向对应的虚拟资源层（对应图 3-22 中的子中心集群）通过 OpenStack API 请求虚拟机资源。

（2）虚拟资源层接受任务调度，启动满足调度要求的虚拟机资源，并在虚拟机启动成功后，向上层汇报虚拟机分配成功。收到返回结果的平台管理层向资源监控模块报告虚拟机资源分配成功。资源监控模块待虚拟机启动就绪并完成基本的环境自动配置后，进入待命状态，并向主控节点报告虚拟机启动已完成，当主控节点确认所有所需虚拟机均已启动成功后，向虚拟机集群分配计算任务。然后，虚拟机集群进入任务计算阶段，并在任务完成后，将结果返回至主控节点。

（3）主控节点对计算结果进行汇总、存档，并为用户提供计算结果的下载链接，用户即可通过该链接获取计算结果。

3）“物理机/虚拟机”混合协同计算体系架构

针对大通信量任务（如 FDTD、HOMoM）在虚拟机运行效率下降较大的问题，提出了“物理机/虚拟机”混合协同计算体系架构。其核心是“物理机/虚拟机”混合调度体系（“PM/VM” Hybrid Scheduling Architecture，HSA）。将无通信和少通信的任务（如 PO 算法）部署到云计算平台运行，提高平台的资源利用率，降低计算能耗。将大通信量任务分配到物理机集群运行，确保任务的执行效率。

如图 3-23 所示，“PM/VM” HSA 由两部分组成：跨广域网云计算平台和物理集群。跨广域网云计算平台由多个子集群构成，每个子集群包含一个调度器（Cloud Slave Scheduler，CSS），用于监控本集群的资源使用情况、分

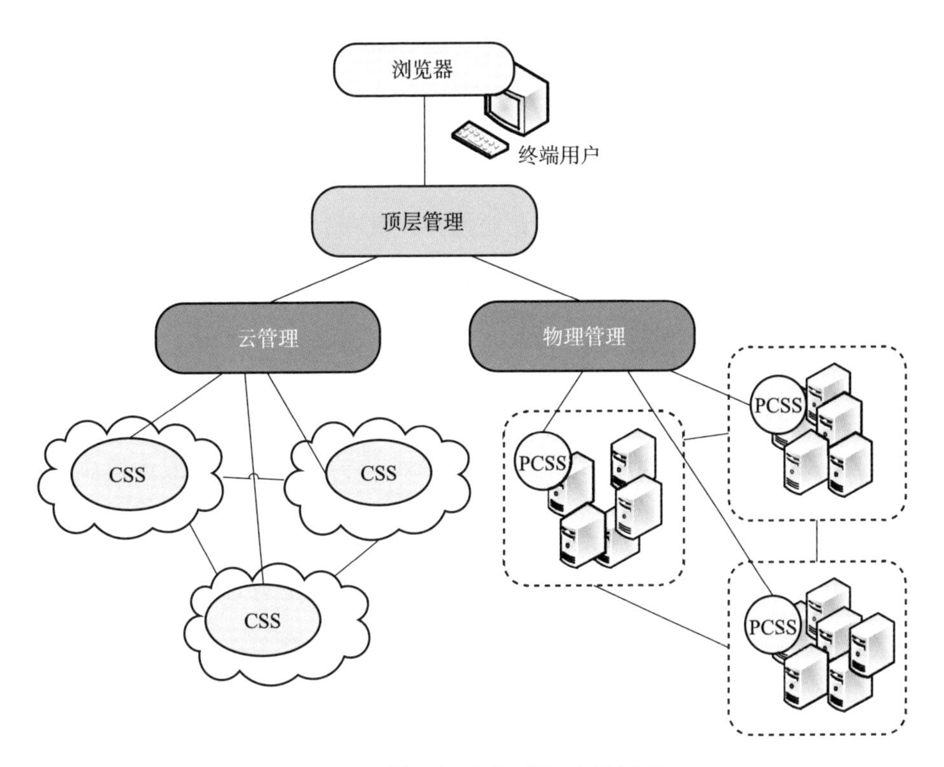

图 3-23 “物理机/虚拟机”混合调度体系

配计算资源、管理计算任务等。云计算主调度器（Cloud Master Scheduler，CMS）位于云计算平台的最顶端，用于获取整个平台的资源情况（由 CSS 上报），并根据用户计算任务的属性，通过调度算法，将任务映射到某个集群中去（下发至 CSS 执行）。物理机各集群包含一个物理子集群调度器（Physical Cluster Slave Scheduler，PCSS），用于监控各物理集群资源状况、任务的分配和管理等。各 PCSS 由物理集群主调度器（Physical Cluster Master Scheduler，PCMS）进行集中控制。PCMS 对物理集群总体资源情况进行监控，根据用户提交的任务资源需求，将任务分配到适当的子集群上。CMS 和 PCMS 由顶层调度器（Top Scheduler，TS）控制，TS 直接接受用户任务请求，根据任务类型和特点，决定由虚拟机（云计算平台）或物理机集群执行计算任务。

3.2.4 分布式协同电磁计算验证

本平台可面向专业用户和非专业用户，其中，专业用户可基于本平台的资源独自进行电磁计算设计，非专业用户只能提供电磁计算需求，通过文档的方式提交给电磁计算服务平台，由平台内的专业计算人员为非专业用户进行电磁设计，并将最终结果反馈给非专业用户。电磁协同计算平台工作流程如图 3-24 所示，用户以 Web Services 方式通过用户服务模块提交作业执行参数，由任务管理器生成特定格式的表单记录在数据库中，并将此次优化加入作业队列。调度器首先选择队头作业生成任务请求，该请求传递给资源管理器后，它将为用户分配恰当的计算资源；然后调用配置工具来为用户准备运行环境，计算由网格中指定的计算节点并行完成，任务管理器会在收集到全部的返回结果后进行合成处理；最后提交给用户最终计算结果。

完成基于 IPv6 广域网络的多计算节点运行矩量法电磁计算软件的远程任务提交、远程启动计算、远程结果回传等试验，对服务封装技术基于 IPv6 网络进行电磁计算的技术路线的正确性进行了体系化的评估与验证（图 3-25）。

利用面向云平台的“物理机/虚拟机”协同资源混合调度体系，将超大计算任务通过网络分配到分布式异构计算节点：用超算中心 1% 的计算资源实现对 B-2 隐身轰炸机雷达散射截面积（RCS）的多频段精确计算（散射精度达 -60dB 量级），如图 3-26 所示。

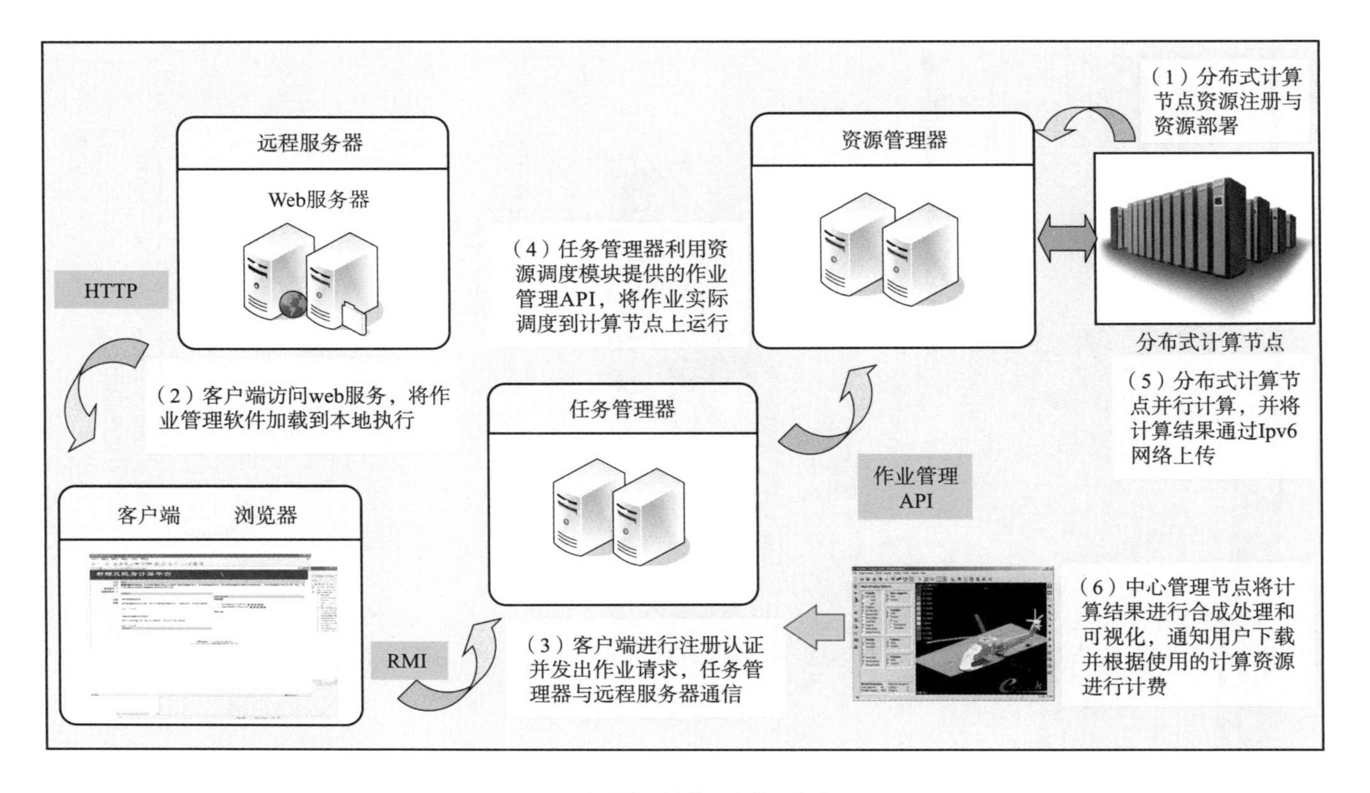

图 3-24 电磁协同计算平台的工作流程图

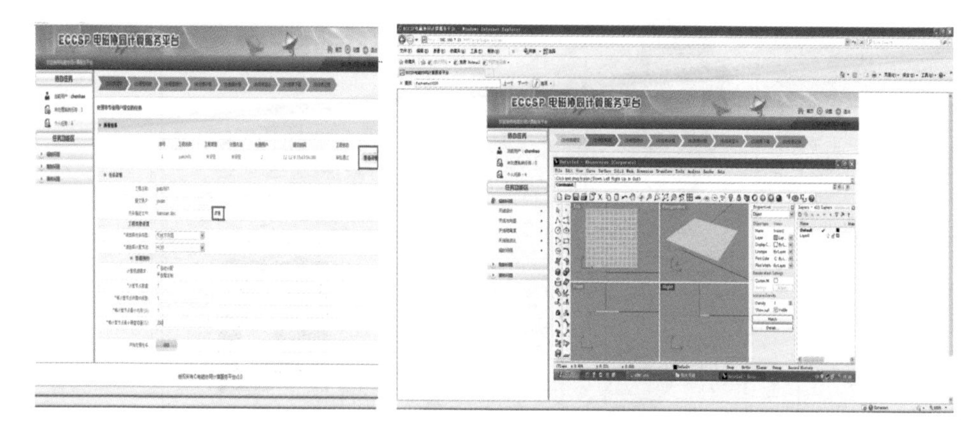

图 3-25 分布式协同电磁计算验证界面

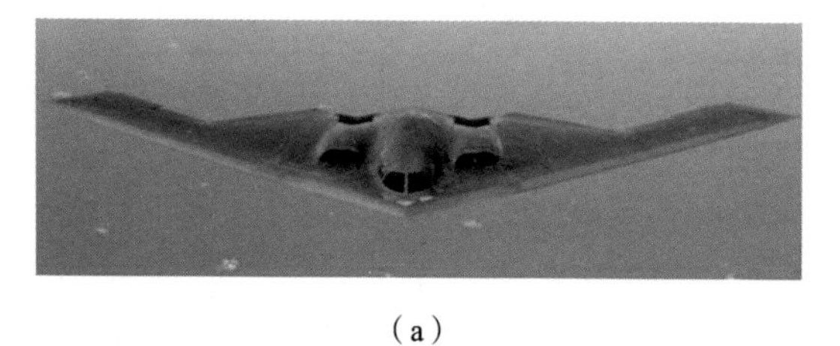

(a)

(b)

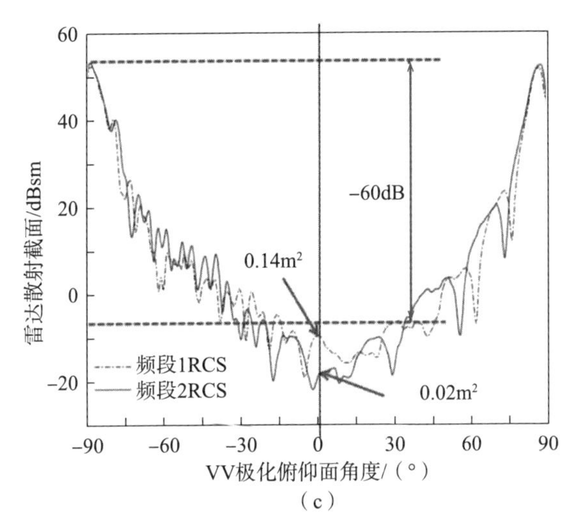

（c）

图 3-26 B-2 隐身轰炸机 RCS

（a）B-2 隐身轰炸机；（b）0°～360°RCS；

（c）两频段 RCS 对比（频段 1：300MHz 频段 2：250MHz）。

3.3 电磁协同计算的优势

针对复杂电子装备及其电大运载平台（如大型天线阵列与飞机平台等）的电磁特性难以精细高效仿真的共性问题，利用电磁协同计算技术，并构建基于 CNGI 网络的分布式协同电磁计算平台和服务体系，将各种分散的电磁计算资源进行整合实现协同仿真和计算，可以对复杂环境下隐身目标电磁特征进行预测分析，对典型先进隐身目标的 RCS、雷达回波与成像进行仿真分析，对大型装备目标进行电磁特征计算，显著提高隐身目标建模仿真和计算的精度，解决我国隐身与反隐身领域精确电磁计算能力、网络协同能力和数据应用能力不足等关键问题，整体提升我国隐身与反隐身技术基础工业能力，同时也为实现电磁协同控制打下坚实的基础。

电磁协同计算实现了电磁计算领域如下目标。

（1）核心算法（并行、协同、综合）自主可控。超大规模分布式并行的电磁场精确数值算法体系涵盖时域、频域（低频和高频）以及各种混合电磁计算算法。

（2）计算资源（服务器、存储器）协同应用。分布式综合仿真与电磁协同计算平台能够精细仿真计算复杂电大金属介质混合目标以及涂覆的隐身目标等一系列工程难题。系统软件计算能力、计算规模和计算效率达到国际先进水平。

（3）设计资源（数据、模型、算法）广域共享。利用先进的 IPv6 网络将异地异构仿真设计资源进行整合，实现了资源共享和广域协同。能够通过模拟手段解决飞机等运载平台及其电子装备的隐身与反隐身问题，并且能够在地面上完成对平台和电子装备的一体化仿真与设计，力求避免飞机试飞等高风险和高成本的外场实验测量。

第四章

04 电磁协同测算

随着网络信息体系的日益发展，对电磁资源的需求与日俱增。当前电磁资源利用率低下导致电磁资源对系统能力呈现出明显的制衡作用。因此实现电磁资源高效利用已经成为有效发挥信息化装备能力的核心所在，是保障网络信息体系高效运行的基础，也是研究电磁环境效应的工作目标。

因此本书提出电磁协同理论（见第二章），其技术核心是：基于对多功能系统复杂电磁环境效应的准确预测，协同控制电磁资源，确保在有限的电磁资源条件下，该系统能够有序工作，实现该系统在应对非预期电磁效应时从“被动兼容”到“协同适应”的转变。

由 1.3.3 节可知，电磁协同是以测试验证为支撑的。实现电磁资源协同控制的前提条件是不仅要精确计算复杂电磁环境效应，而且要准确测试复杂电磁环境效应。精确计算复杂电磁环境效应采用了电磁协同计算的方法，那么如何准确测试复杂电磁环境效应呢?

传统的测量方法可分为两大类即直接法和间接法。直接法主要指直接测量并获取所关心的数据，主要包括远场法、紧缩场法等。这些方法针对真实物理目标在微波暗室中直接进行电磁辐射特性测量，在满足测试实验条件的前提下，通常可以获得置信度较高的实测数据，应用已十分普遍，但其测试效率和精度难以适应现代天线的要求。例如，超低副瓣的相控阵天线和赋形波束天线，所需的测试量很大，精度很高，常规方法难以胜任。对于散射特性的测量，远场法与紧缩场法都是由硬件来产生准平面波。远场法利用增加散射体与照射源之间的距离来实现球面波到平面波的转换，对测量场地有苛刻的要求。测量大型目标散射特性时，需要庞大的室外测试场，且因远场散射信号很弱，外界干扰多而使测量精度和可重复性大大降低，对隐身目标则更是如此。紧缩场法利用一副偏置反射面天线产生准平面波对目标进行照射，通过转动目标从而改变入射波方向，测出目标的散射信号，并进行背景对消和系统校准（通常用 RCS 已知的目标如理想导体球作为标准），则可测得目标的 RCS。若用同一副反射面天线作为发射和接收，则可得到目标的单站 RCS；若用一副反射面天线作为发射，另一副反射面天线作为接收，则可得到目标的双站 RCS。与远场测量法相比，紧缩场法不需要庞大的室外测试场，一般可在微波暗室内进行单站和大双站角 RCS 测量。但是，这种方法对偏置反射面天线的加工精度要求很高，并要采取措施（如锯齿边界和卷边技术）以抑制边缘绕射，测量系统十分昂贵，而且该方法所得到的双站 RCS 的双站角是固定的。

为了克服远场法与紧缩场法实际应用中的上述问题，可以采用间接法即近场测量法，采集近场区域的幅度与相位信息，通过近远场变换算法推出远场数据。如果待测体为辐射体（通常是天线），则对应有近场辐射测量，这种测量方法的电参数测量精度比远场测量方法的测量精度高得多，并可全天候工作，不仅可用于常规无线电参数的测量，还可用于低副瓣或超低副瓣天线的测量。如果待测体为散射体，则称为近场散射测量，近场散射测量技术可以视作是天线近场测量技术的发展和延伸。

随着武器装备的“进化”并且成体系发展，对于大型系统级的武器装备而言，开展电磁测量（如大型雷达天线阵列测量、系统级电磁环境评估、信息装备天线综合布局测试、导弹制导雷达与弹罩一体化测量）对于高性能装备研制至关重要。

对电大尺寸目标的近场测量相关测试环境可分为室内测量和室外测量。

室内测量主要是通过微波暗室的结构尺寸设计，加之选取合适的吸波材料来实现电磁屏蔽，从而为电磁测量所需的静区空间提供保障。其缺点在于室内微波暗室建设成本巨大，工程应用仍有不足。

（1）对大型系统级模型开展室内全尺寸电磁测量，建造一个与测试需求相匹配的大型吸波暗室无疑造价非常昂贵。针对准确测试验证千波长级的大型武器装备综合电磁性能的要求，所建造微波暗室规模至少为装备体积的2倍。加之屏蔽体、吸波材料等，经济成本以亿计算。若测量目标为导弹制导雷达与弹罩一体化测量，则考虑导弹高度，甚至需要建设高达40m的微波暗室，建设难度可想而知。此外即使建设有超大型暗室，安装/转运等因素也致使特大型装备（如航空母舰）根本不具备暗室验证条件。

（2）在室内进行近场测量时，通过给测量暗室内部以及暴露的测试装备的外表面上敷设吸波材料，用于抑制不需要的反射对测量结果的影响。吸波材料大多是填充了碳粉的泡沫或喷涂了吸波涂料的尖劈，吸波材料一般价格昂贵，体积庞大，容易损坏，并且随时间的推移其吸波效果会变差。另外，大部分吸波材料的尺寸和形状决定了吸波材料只在某些特定频段吸波性能达到最优，在其他频段吸波材料的吸波效果没有达到最优。在吸波暗室内总会有一些位置无法敷设吸波材料而不可避免地暴露出来，如直线轴承和照明设备。因此，在吸波暗室内进行近场测量的过程中，多径效应造成的测试误差是不可避免的。

室外测量的缺点在于构建难度大，测试精度有限。室外测量无论是高架测试场、斜距测试场都有着严苛的建设条件，如建造高架发射塔、构建无遮挡环境下的远场条件（测试距离需要满足 $L \geqslant 2D^2/\lambda$）等。此外，在室外或者无吸波材料环境中开展测量时，多径效应不可避免。由于城市环境电磁环境恶劣，收发信号更是常叠加其他用频干扰，这些都会对辐射测量中方向图主瓣和低副瓣等造成巨大测试误差，散射测量更是无法开展。由于多径效应中每一个多径反射点可以看作一个新的次级辐射源，因此多源干扰问题也和多径效应问题的本质比较类似。

综上所述，目前准确测试复杂电磁环境效应的难点主要在于以下两个方面。

（1）由于目标体积太大导致的无法直接测量。以典型军事目标如飞机和舰船为例，由于体积太大，常常无法装入微波暗室而导致“测不了”问题。为了准确测试验证千波长级大型武器装备综合电磁性能的要求，所建造微波暗室规模至少为装备体积的两倍，建设成本高昂难以实现。以整机电磁特性验证为例，美军最大暗室 BAF1（内部达 80m×76m×21m）仍不能满足该项目所涉及大型飞机的整体验证需求。同时安装/转运等因素也致使特大型装备（如航空母舰）根本不具备暗室验证条件。而如果将大型目标放到室外采用电磁测试中直接方法测量，则存在难以忽略的多径干扰和多源干扰的误差，导致“测不准”问题。

（2）由于目标体积太小导致的无法直接测量。以微小型目标如集成电路和芯片中的电路特性为例，在其电磁兼容问题中，由于目标本身已经很小，如果使用探头测量电路或芯片内部电磁信号，会存在难以忽略、估计和消除的探头误差，无法实现准确测量。

总而言之，必须突破当前针对复杂电磁环境效应的测试方法所面临的“测不了”与“测不准”的技术瓶颈，解决“大型武器装备平台与微小型目标的整体电磁特性高精度测试”这一技术难题。

众所周知，理论计算和试验测试是研究科学问题的两个重要思路和方法。在目标电磁特性问题研究中，对应的两个方法是电磁计算和电磁测试。电磁计算可以通过算法模拟理想的测试环境，得到精确的测试结果。因此，电磁测试和电磁计算可以各取所长，通过有机协同形成综合解决方法。

4.1 协同测算概述

协同测算的伺服原理是电磁场的连续性和唯一性定理。连续性是指：根据磁场高斯定律（磁通连续性原理）、电场高斯定律、电流连续性方程可知，在不包含场源的空间任意闭合曲面中，电磁场包括磁场、电场、电流（电荷）都是连续变化的。唯一性是指：根据电磁场的唯一性定理，在闭合面 S 包围的区域 V 中，当边界面 S 上的切向电场或切向磁场给定时，体积 V 中任意一点的电磁场由麦克斯韦方程唯一地确定。由于电磁场具有连续性和唯一性，所以可以采用不同的方法针对同一个目标电磁特性问题进行求解。

电磁计算和电磁测试的协同主要分为两个层面。

（1）解决方法流程上的协同测算，即电磁测试间接方法中的协同测算。电磁测试所获得的直接测量数据并不是关心的电磁特性数据，需要基于电磁理论进行推导计算，通过对直接测量数据的算法处理来获得所需数据，实现间接测量的目的。因此，电磁测试间接法可以视作是电磁测试与电磁计算的一种综合方法，其中测量数据可以视为是电磁计算中算法的输入参数，电磁测试和电磁计算属于问题解决流程中的不同环节。例如，在近场测量中，以下协同测算都属于第一个层面：①通过近远场变换的方法，由近场测试结果计算得到远场结果，从而实现的协同测算；②通过数字吸波的方法，消除测试结果中环境因素带来的干扰，从而实现的协同测算。

（2）问题不同部分之间的协同测算，即基于分而治之的思路，采用电磁测试和电磁计算两种方法来求解同一问题的不同部分，然后再通过融合测试数据和计算数据，联立求解目标的电磁特性。例如，“场-路”问题中的协同测算就属于第二个层面。

4.2 近场测量中的协同测算

4.2.1 天线近场测量概述

本节以天线近场测量为例，阐述近场测量中的协同测算方法。

天线近场测量中协同测算的序参量根据实际需求可以定义为测量效费比或测量误差。

天线近场测量中协同测算的伺服原理主要是电磁场的唯一性和模式展开理论。在天线近场测量中，由电磁场唯一性定理可知：如果一个闭合面包含所有的辐射源，只要已知该闭合面上的切向电场或切向磁场，就可以唯一确定闭合面以外的辐射场。因此，只要设法测出待测天线周围一个闭合面上的切向电场，就可确定出该天线的远区辐射场。另外，由模式展开理论可知：空间任意一个单频电磁波可以展开为向各方向传播的平面波、柱面波或球面波之和，从而奠定了平面、柱面、球面近场天线测量的理论基础。

天线近场测量中协同测算中的自组织协同，可以理解为天线近场测量系统从无序向有序演化的过程中，逐渐形成了许多各具特色的高效的协同测算方法，包含了三个方面。

（1）不同的扫描方式与相对应的近远场变换算法的协同；

（2）不同扫描方式与近场测量中相关测试参数选取原则的协同；

（3）不同扫描方式与相应的近场辐射测量误差分析与补偿技术的协同。

天线近场测量中的协同测算，其中“测”是指：采用一个特性已知的探头，由计算机控制，在包围并靠近待测天线（AUT）的某表面上进行扫描，测量出该表面上场的幅相分布。“算”是指：根据测量数据，探头的特性和扫描面的形状，通过基于近远场变换算法的计算机软件计算出天线远场特性的全部信息，如天线方向图等。

根据扫描面的形状，天线近场测量的扫描方式分为平面扫描、柱面扫描和球面扫描，而平面扫描又根据采样点的分布方式分为平面矩形栅格、平面单极和平面双极。三种不同的扫描方式对应不同的近远场变换模型和算法，这些扫描方式各有其优点和缺点以及擅长的应用范围。与平面扫描、柱面扫描和球面扫描这三种扫描方式所对应的天线近场测量分别称为平面近场天线测量、柱面近场天线测量和球面近场天线测量。无论是对于近场辐射测量还是近场散射测量，由于平面扫描的数据采集方式最为简便，机械上便于实现，而且近远场变换可利用快速傅里叶变换进行高效计算，因此平面近场测量技术是近场测量技术中研究最早、应用最多的测量方法。

4.2.2 协同测算基本理论

1. 天线产生的电磁场的平面波展开

设天线位于 $z<0$ 的区域，$z>0$ 为无源区，如图 4-1 所示，在天线馈线上取一参考面 s_0，它位于馈线上的单模传输区。

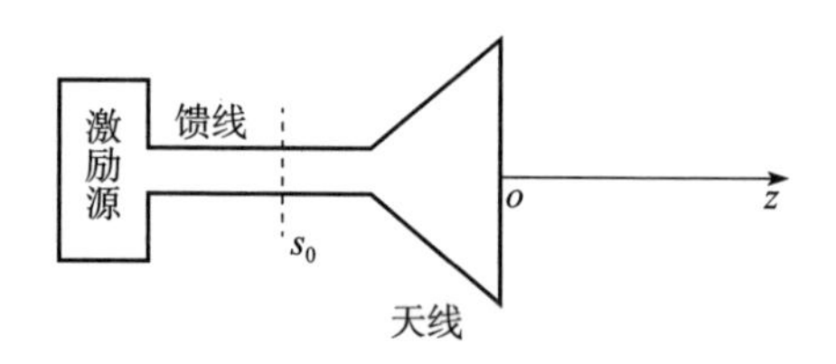

图 4-1 天线产生电磁波原理图

天线在空间产生的电磁场显然应正比于 a_0，将 $z>0$ 区域中的电场表示为

$$\boldsymbol{E}(x,y,z)=a_0\boldsymbol{e}(x,y,z) \tag{4-1}$$

式中：$\boldsymbol{e}(x, y, z)$ 为 $a_0=1$（单位电压激励）时天线在空间产生的场。

将 $\boldsymbol{e}(x, y, z)$ 相对 x，y 做傅里叶变换，变换结果记为 $\boldsymbol{A}_0(k_x, k_y, z)$，由于 $z>0$ 区域为无源区域，根据无源区域中齐次亥姆霍兹方程，可得

$$\boldsymbol{E}(x,y,z)=\frac{a_0}{2\pi}\int_{-\infty}^{\infty}\int_{-\infty}^{\infty}\boldsymbol{A}(k_x,k_y)\mathrm{e}^{-\mathrm{j}\boldsymbol{k}\cdot\boldsymbol{r}}\mathrm{d}k_x\mathrm{d}k_y \tag{4-2}$$

$$\boldsymbol{H}(x,y,z)=\frac{a_0}{2\pi}\int_{-\infty}^{\infty}\int_{-\infty}^{\infty}\frac{\boldsymbol{k}}{\omega\mu}\times\boldsymbol{A}(k_x,k_y)\mathrm{e}^{-\mathrm{j}\boldsymbol{k}\cdot\boldsymbol{r}}\mathrm{d}k_x\mathrm{d}k_y \tag{4-3}$$

式中：$\boldsymbol{r}$ 为距离矢量，$\boldsymbol{r}=x\hat{\boldsymbol{x}}+y\hat{\boldsymbol{y}}+z\hat{\boldsymbol{z}}$；$\boldsymbol{A}_0(k_x, k_y, z)=\boldsymbol{A}(k_x, k_y)\mathrm{e}^{-\mathrm{j}k_z z}$；$\boldsymbol{A}(k_x, k_y)$ 为平面波谱。式（4-2）、式（4-3）便是天线阐述的电磁场的平面波展开式。

当 $k_x^2+k_y^2\leqslant k^2$ 时，$\boldsymbol{k}$ 为实矢量，$\boldsymbol{A}(k_x, k_y)\mathrm{e}^{-\mathrm{j}\boldsymbol{k}\cdot\boldsymbol{r}}$ 表示沿 $\boldsymbol{k}$ 方向传播的均匀平面波。当 $k_x^2+k_y^2>k^2$ 时，$\boldsymbol{k}$ 为复矢量，$\boldsymbol{A}(k_x, k_y)\mathrm{e}^{-\mathrm{j}\boldsymbol{k}\cdot\boldsymbol{r}}=\boldsymbol{A}(k_x, k_y)\mathrm{e}^{-\mathrm{j}\boldsymbol{k}_{xy}\cdot\boldsymbol{R}}\mathrm{e}^{-\alpha z}$。式中：$\boldsymbol{k}_{xy}=k_x\hat{\boldsymbol{x}}+k_y\hat{\boldsymbol{y}}$，$\boldsymbol{R}=x\hat{\boldsymbol{x}}+y\hat{\boldsymbol{y}}+z\hat{\boldsymbol{z}}$，$\alpha=\sqrt{k_{xy}^2-k^2}$ 为实数。此时，$\boldsymbol{A}(k_x, k_y)\mathrm{e}^{-\mathrm{j}\boldsymbol{k}\cdot\boldsymbol{r}}$ 代表沿 $\boldsymbol{k}_{xy}$ 方向传播，幅度沿 z 方向指数衰减的非均匀平面波。

由此可知，天线在 $z>0$ 区域产生的场可以看作是沿不同方向传播的均匀平面波和沿 z 方向指数衰减的非均匀平面波的加权和，在离开天线的距离较

远时，衰减模式的贡献可以忽略。

2. 天线远场方向图与平面波谱函数间的关系

设场点用 r、θ、φ 表示，对前半空间 $\theta \leqslant \pi/2$，对远场点，$r \to \infty$。在此情况下，忽略衰减模式的贡献，于是对 k_x、k_y 的积分范围可以缩小到 $k_x^2 + k_y^2 \leqslant k^2$ 的范围内，即

$$\boldsymbol{E}(r,\theta,\varphi) = \frac{a_0}{2\pi}\iint_{k_x^2+k_y^2\leqslant k^2}\boldsymbol{A}(k_x,k_y)\mathrm{e}^{-\mathrm{j}\boldsymbol{k}\cdot\boldsymbol{r}}\mathrm{d}k_x\mathrm{d}k_y \tag{4-4}$$

令 $k_x = k\sin\theta'\cos\varphi'$，$k_y = k\sin\theta'\sin\varphi'$，$k_z = k\cos\theta'$。把对 k_x、k_y 的积分转换为对 $\theta'\varphi'$ 的积分，在 r 趋于无穷大且 $\theta<\pi/2$ 时，由驻定相位法可得

$$\boldsymbol{E}(r,\theta,\varphi) = \frac{a_0}{r}\mathrm{e}^{-\mathrm{j}kr}\mathrm{j}k\cos\theta\boldsymbol{A}(k\sin\theta\cos\varphi,k\sin\theta\sin\varphi) \tag{4-5}$$

由式（4-5）可以看出，天线远场随 r 的变化为 $\mathrm{e}^{-\mathrm{j}kr}/r$，远场随 θ、φ 的变化关系即远场方向图函数 $\boldsymbol{F}(\theta,\varphi)$ 与平面波谱函数 $\boldsymbol{A}(k_x,k_y)$ 有如下关系：

$$\boldsymbol{F}(\theta,\varphi) = \mathrm{j}k\cos\theta\boldsymbol{A}(k\sin\theta\cos\varphi,k\sin\theta\sin\varphi) \tag{4-6}$$

这意味着天线在（θ，φ）方向的远场仅与向该方向传播的平面波谱有关，而与其他方向的平面波谱无关，即（θ，φ）方向的远场仅与 $k_x = k\sin\theta\cos\varphi$ 和 $k_y = k\sin\theta\sin\varphi$ 所对应的谱有关。注意，天线的近区场不满足此特性。一般来说近区每一点的场是所有平面波谱的叠加，即每个谱含量均对场有贡献。

由式（4-6）可以导出 $F_\theta(\theta,\varphi)$，$F_\varphi(\theta,\varphi)$ 与 A_x 和 A_y 的关系为

$$\begin{aligned} F_\theta(\theta,\varphi) &= \boldsymbol{F}(\theta,\varphi)\cdot\hat{\boldsymbol{\theta}} = \mathrm{j}k\cos\theta[A_x(\hat{\boldsymbol{x}}\cdot\hat{\boldsymbol{\theta}}) + A_y(\hat{\boldsymbol{y}}\cdot\hat{\boldsymbol{\theta}}) + A_z(\hat{\boldsymbol{z}}\cdot\hat{\boldsymbol{\theta}})] \\ &= \mathrm{j}k\cos\theta\left[A_x\cos\varphi\cos\theta + A_y\sin\varphi\cos\theta - \frac{A_xk_x + A_yk_y}{k_z}(-\sin\theta)\right] \end{aligned} \tag{4-7}$$

将 k_x、k_y 的表达式代入式（4-7），整理可得

$$F_\theta(\theta,\varphi)=\mathrm{j}k[\cos\varphi A_x(k\sin\theta\cos\varphi,k\sin\theta\sin\varphi)+\sin\varphi A_y(k\sin\theta\cos\varphi,k\sin\theta\sin\varphi)] \tag{4-8}$$

同理可得

$$F_\varphi(\theta,\varphi)=\mathrm{j}k\cos\theta[-\sin\varphi A_x(k\sin\theta\cos\varphi,k\sin\theta\sin\varphi)+\cos\varphi A_y(k\sin\theta\cos\varphi,k\sin\theta\sin\varphi)] \tag{4-9}$$

3. 由平面扫描测量数据计算天线远场方向图

目前，平面近场天线测量的核心理论是考虑探头影响（有探头补偿）时的平面近远场变换理论，即考虑探头影响（有探头补偿）时待测天线（AUT）与探头之间的耦合方程以及由近场数据确定待测天线远场方向图的公式。关于耦合方程及其由近场数据确定待测天线远场方向图的公式的推导有两种方法：一种是基于平面波散射矩阵的理论；另一种是基于互易定理。

天线与场点位置示意图如图 4-2 所示，将场点置于 $z=d$ 的平面上，而且等式（4-2）两边取垂直于 z 的横向分量，并进行反演，则

$$\boldsymbol{A}_t(k_x,k_y)=\frac{1}{2\pi a_0}\mathrm{e}^{\mathrm{j}k_z d}\int_{-\infty}^{\infty}\int_{-\infty}^{\infty}\boldsymbol{E}_t(x,y,d)\,\mathrm{e}^{\mathrm{j}(k_x x+k_y y)}\,\mathrm{d}x\mathrm{d}y \tag{4-10}$$

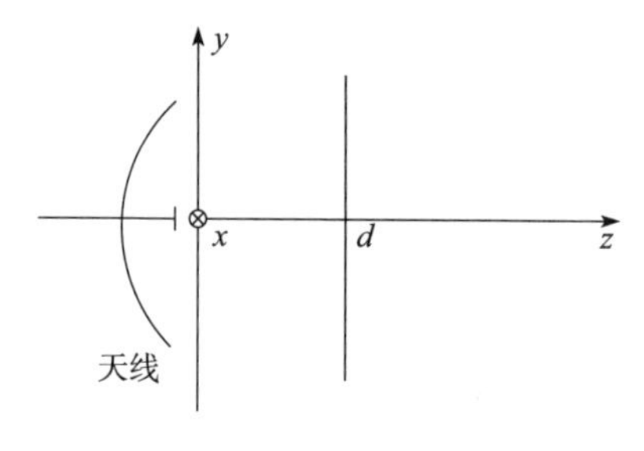

图 4-2 天线与场点位置示意图

由于 $\boldsymbol{A}(k_x, k_y)$ 与 $\boldsymbol{k}$ 正交，所以 $\boldsymbol{A}$ 也仅有两个独立分量，令 $\boldsymbol{A}_t=-(k_xA_x+k_yA_y)/k_z$，则

$$\boldsymbol{A}(k_x,k_y)=\boldsymbol{A}_t(k_x,k_y)-\frac{\boldsymbol{A}_t(k_x,k_y)\cdot\boldsymbol{K}}{k_z}\hat{z} \tag{4-11}$$

式中：$\boldsymbol{K}=k_x\hat{\boldsymbol{x}}+k_y\hat{\boldsymbol{y}}$。

为了由测量数据准确推出天线的近场和远场特性，应当在计算中把探头的影响消除掉。为此必须建立天线与探头之间的耦合方程，即找出待测天线发射时探头接收信号与待测天线输入信号之比与这两个天线的特性及相互位置间的关系。

待测天线与探头位置关系示意图如图 4-3 所示，在待测天线 AUT 的馈线上取一参考面 s_0，s_0 位于单模传输区。令（$\boldsymbol{E}_{\mathrm{A}}$，$\boldsymbol{H}_{\mathrm{A}}$）为待测天线处于发射状态而探头处于接收状态时相应的电磁场分布，（$\boldsymbol{E}_{\mathrm{B}}$，$\boldsymbol{H}_{\mathrm{B}}$）为探头发射而待测天线接收时所相应的电磁场分布，（$\boldsymbol{J}_{\mathrm{A}}$，$\boldsymbol{J}_{\mathrm{B}}$）分别为上述两种情况下的外加源分布。由 Lorentz 互易定理可知

$$\oint_s(\boldsymbol{E}_{\mathrm{A}}\times\boldsymbol{H}_{\mathrm{B}}-\boldsymbol{E}_{\mathrm{B}}\times\boldsymbol{H}_{\mathrm{A}})\cdot\hat{\boldsymbol{n}}\mathrm{d}S=v\oint_v(\boldsymbol{J}_{\mathrm{A}}\cdot\boldsymbol{E}_{\mathrm{B}}-\boldsymbol{J}_{\mathrm{B}}\cdot\boldsymbol{E}_{\mathrm{A}})\mathrm{d}V \tag{4-12}$$

式中：S 为区域 V 的边界面；V 为封闭曲面 $\sum_1$ 和封闭曲面 $\sum_2$ 之间的区域。

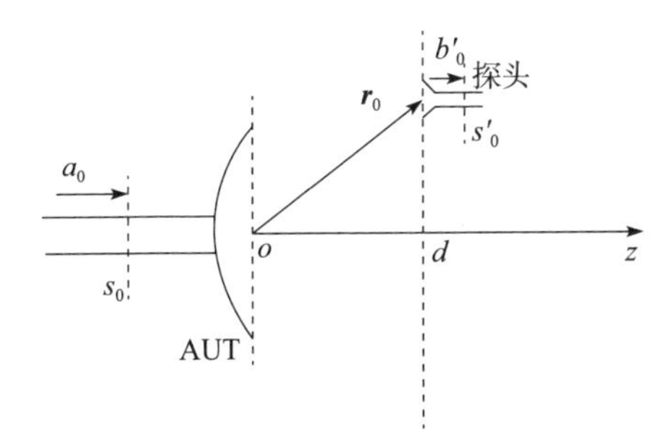

图 4-3　待测天线与探头位置关系示意图

$\sum_1$ 由 $z=a(0<a<d)$ 的平面 S_p 与半径趋于无穷的右半球面 S_∞ 所构成，$\sum_2$ 由 S_0'和 S_1 组成，S_1 是紧贴探头和馈线的金属壁的表面，如图 4－4 中的虚线所示。

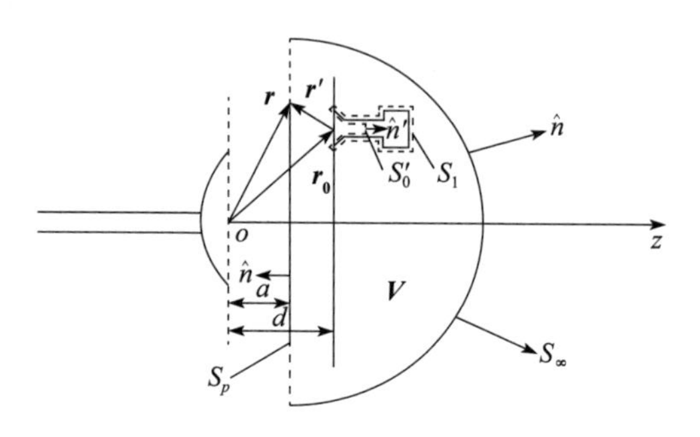

图 4－4　区域边界面示意图

在区域 V 内，既不包含场（$\boldsymbol{E}_{\mathrm{A}}$，$\boldsymbol{H}_{\mathrm{A}}$）的源 $\boldsymbol{J}_{\mathrm{A}}$，也不包含场（$\boldsymbol{E}_{\mathrm{B}}$，$\boldsymbol{H}_{\mathrm{B}}$）的源 $\boldsymbol{J}_{\mathrm{B}}$，则

$$\oint_{S_p+S_\infty+S_0'+S_1}(\boldsymbol{E}_{\mathrm{A}}\times\boldsymbol{H}_{\mathrm{B}}-\boldsymbol{E}_{\mathrm{B}}\times\boldsymbol{H}_{\mathrm{A}})\cdot\hat{\boldsymbol{n}}\mathrm{d}S=0 \tag{4-13}$$

在 S_∞ 上，不论（$\boldsymbol{E}_{\mathrm{A}}$，$\boldsymbol{H}_{\mathrm{A}}$）还是（$\boldsymbol{E}_{\mathrm{B}}$，$\boldsymbol{H}_{\mathrm{B}}$）都趋于沿球面法线向外传播的径向 TEM 波，且传播方向与 S_∞ 的法线方向一致，因此在 S_∞ 上，有

$$\begin{aligned}(\boldsymbol{E}_{\mathrm{A}}\times\boldsymbol{H}_{\mathrm{B}}-\boldsymbol{E}_{\mathrm{B}}\times\boldsymbol{H}_{\mathrm{A}})\cdot\hat{\boldsymbol{n}}&=(\hat{\boldsymbol{n}}\times\boldsymbol{E}_{\mathrm{A}})\cdot\boldsymbol{H}_{\mathrm{B}}-(\hat{\boldsymbol{n}}\times\boldsymbol{E}_{\mathrm{B}})\cdot\boldsymbol{H}_{\mathrm{A}}\\&=Z_0\boldsymbol{H}_{\mathrm{A}}\cdot\boldsymbol{H}_{\mathrm{B}}-Z_0\boldsymbol{H}_{\mathrm{B}}\cdot\boldsymbol{H}_{\mathrm{A}}=0\end{aligned} \tag{4-14}$$

即沿 S_∞ 的积分为零。

考察 S_1 上的积分，因为 S_1 紧贴理想金属壁，而理想导体金属表面电场切向分量为零，因此在 S_1 上，有

$$(\boldsymbol{E}_{\mathrm{A}}\times\boldsymbol{H}_{\mathrm{B}}-\boldsymbol{E}_{\mathrm{B}}\times\boldsymbol{H}_{\mathrm{A}})\cdot\hat{\boldsymbol{n}}=(\hat{\boldsymbol{n}}\times\boldsymbol{E}_{\mathrm{A}})\cdot\boldsymbol{H}_{\mathrm{B}}-(\hat{\boldsymbol{n}}\times\boldsymbol{E}_{\mathrm{B}})\cdot\boldsymbol{H}_{\mathrm{A}}=0 \tag{4-15}$$

故沿 S_1 的积分为零。

现在计算 S_0'的积分，由在 S_0'上切向电场表达式，可将式（4－15）积分

并化简为

$$b'_0=\frac{1}{2Y_0a'_0(1-\Gamma_L\Gamma')}\oint_{S_p}(\boldsymbol{E}_A\times\boldsymbol{H}_B-\boldsymbol{E}_B\times\boldsymbol{H}_A)\cdot\hat{\boldsymbol{n}}_p\mathrm{d}S \tag{4-16}$$

式中：Γ_L 为待测天线发射时从 S'_0向负载端看过去的反射系数；Γ' 为探头发射时从 S'_0向发射方向看过去的反射系数；$\hat{\boldsymbol{n}}_p=-\hat{z}$；$\boldsymbol{E}_A=\boldsymbol{E}_a+\boldsymbol{E}_{bs}$；$\boldsymbol{H}_A=\boldsymbol{H}_a+\boldsymbol{H}_{bs}$；$\boldsymbol{E}_B=\boldsymbol{E}_b+\boldsymbol{E}_{as}$；$\boldsymbol{H}_B=\boldsymbol{H}_b+\boldsymbol{H}_{as}$。

令（$\boldsymbol{E}_a$，$\boldsymbol{H}_a$）为探头不存在时待测天线产生的场，即待测天线在自由空间产生的场。（$\boldsymbol{E}_b$，$\boldsymbol{H}_b$）为待测天线不存在时探头产生的场，即探头在自由空间产生的场。（$\boldsymbol{E}_{bs}$，$\boldsymbol{H}_{bs}$）为待测天线发射时，由于探头的存在而产生的散射场。则式（4-16）可以化简为

$$b'_0=\frac{1}{2Y_0a'_0(1-\Gamma_L\Gamma')}\oint_{S_p}(\boldsymbol{E}_a\times\boldsymbol{H}_b-\boldsymbol{E}_b\times\boldsymbol{H}_a)\cdot\hat{\boldsymbol{n}}_p\mathrm{d}S \tag{4-17}$$

将（$\boldsymbol{E}_a$，$\boldsymbol{H}_a$）和（$\boldsymbol{E}_b$，$\boldsymbol{H}_b$）写为平面波谱展开式，式（4-17）可以写为

$$\begin{aligned}b'_0(x_0,y_0,d)=&\frac{a_0}{2Y_0(1-\Gamma_L\Gamma')4\pi^2}\int_{-\infty}^{\infty}\int_{-\infty}^{\infty}\int_{-\infty}^{\infty}\int_{-\infty}^{\infty}\int_{-\infty}^{\infty}\int_{-\infty}^{\infty}\frac{1}{\omega\mu}\{\boldsymbol{A}(\boldsymbol{k})\times\\&[\boldsymbol{k}'\times\boldsymbol{A}'(\boldsymbol{k}')]-\boldsymbol{A}'(\boldsymbol{k}')\times[\boldsymbol{k}\times\boldsymbol{A}(\boldsymbol{k})]\}\\&\mathrm{e}^{-\mathrm{j}\boldsymbol{k}\cdot\boldsymbol{r}}\mathrm{e}^{-\mathrm{j}\boldsymbol{k}'\cdot\boldsymbol{r}'}\cdot(-\hat{z})\mathrm{d}k'_x\mathrm{d}k'_y\mathrm{d}k_x\mathrm{d}k_y\mathrm{d}x\mathrm{d}y\end{aligned} \tag{4-18}$$

式（4-18）右边的六重积分中，先完成对 x，y 的积分，再对 $\boldsymbol{k}'_x$，$\boldsymbol{k}'_y$积分，利用 δ 函数积分的抽样性质，可将式（4-18）化简为

$$\frac{b'_0(x_0,y_0,d)}{a_0}=\frac{1}{1-\Gamma_L\Gamma'}\int_{-\infty}^{\infty}\int_{-\infty}^{\infty}\boldsymbol{A}(\boldsymbol{k})\cdot\frac{k_z}{k}\boldsymbol{A}'(-\boldsymbol{k})\mathrm{e}^{-\mathrm{j}\boldsymbol{k}\cdot\boldsymbol{r}'_0}\mathrm{d}k_x\mathrm{d}k_y \tag{4-19}$$

式中：$\boldsymbol{A}'(\boldsymbol{k})\mathrm{e}^{-\mathrm{j}\boldsymbol{k}\cdot\boldsymbol{r}'_0}$ 为待测天线产生的场的平面波谱中沿 $\boldsymbol{k}$ 方向传播的波谱在 r_0 处的值；$\frac{k_z}{k}\boldsymbol{A}'(-\boldsymbol{k})$ 为探头对 $\boldsymbol{k}$ 方向平面波的接收特性；$\boldsymbol{A}(\boldsymbol{k})\cdot$

$\frac{k_z}{k}\boldsymbol{A}'(-\boldsymbol{k})\mathrm{e}^{-\mathrm{j}\boldsymbol{k}\cdot\boldsymbol{r}'_0}$ 为探头对 $\boldsymbol{k}$ 方向平面波的接收量；b_0'/a_0 为对 k_x、k_y 积分后探头总的相对接收信号；因子$\frac{1}{1-\Gamma_\mathrm{L}\Gamma'}$为失配因子；$\frac{b'_0(x_0,\ y_0,\ d)}{a_0}$为所获得的量；$\boldsymbol{A}'$由探头特性确定；$\boldsymbol{A}$ 为待求量。

式（4-19）就是平面近场测量中的耦合公式，该式有着十分明显的物理意义。

对耦合公式（4-19）进行反演，得到

$$\boldsymbol{A}(\boldsymbol{k})\cdot\frac{k_z}{k}\boldsymbol{A}'(-\boldsymbol{k})=\frac{1-\Gamma_\mathrm{L}\Gamma'}{4\pi^2}\mathrm{e}^{\mathrm{j}k_zd}\int_{-\infty}^{\infty}\int_{-\infty}^{\infty}\frac{b'_0(x,y,d)}{a_0}\mathrm{e}^{\mathrm{j}(k_xx+k_yy)}\mathrm{d}x\mathrm{d}y \quad (4-20)$$

一般情况下，$\boldsymbol{A}(\boldsymbol{k})$ 有两个独立的分量，通常还需要用另一个探头或同一个探头旋转再做一次测量，由第二次测量数据可以建立公式：

$$\boldsymbol{A}(\boldsymbol{k})\cdot\frac{k_z}{k}A''(-\boldsymbol{k})=\frac{1-\Gamma_\mathrm{L}\Gamma''}{4\pi^2}\mathrm{e}^{\mathrm{j}k_zd}\int_{-\infty}^{\infty}\int_{-\infty}^{\infty}\frac{b'_0(x,y,d)}{a_0}\mathrm{e}^{\mathrm{j}k_xx}\mathrm{e}^{\mathrm{j}k_yy}\mathrm{d}x\mathrm{d}y \quad (4-21)$$

由前面讨论过的平面波谱与远场方向图间的关系，可将式（4-20）、式（4-21）进一步表示为

$$-F_\theta(\theta,\varphi)f'_{\theta'}(\theta,\pi-\varphi)+F_\varphi(\theta,\varphi)f'_{\varphi'}(\theta,\pi-\varphi)=C_1 \quad (4-22)$$

$$-F_\theta(\theta,\varphi)f''_{\theta'}(\theta,\pi-\varphi)+F_\varphi(\theta,\varphi)f''_{\varphi'}(\theta,\pi-\varphi)=C_2 \quad (4-23)$$

式中：$F_\theta(\theta,\ \varphi)$ 和 $F_\varphi(\theta,\ \varphi)$ 为待测天线的方向图；C_1 和 C_2 分别代表两式的右边，它们可由测量值经运算后求得；f'和f''由探头方向图确定。

将式（4-22）、式（4-23）联立求解可求出天线远场方向图 $F_\theta(\theta,\ \varphi)$ 和 $F_\varphi(\theta,\ \varphi)$。确定了探头的方向图后，求解式（4-22）和式（4-23），可得

$$F_\theta(\theta,\varphi)=\frac{\cos\theta}{f_\mathrm{E}(\theta)}[D'(\theta,\varphi)\cos\varphi+D''(\theta,\varphi)\sin\varphi] \quad (4-24)$$

$$F_{\varphi}(\theta,\varphi)=\frac{\cos\theta}{f_{\mathrm{H}}(\theta)}[D''(\theta,\varphi)\cos\varphi-D'(\theta,\varphi)\sin\varphi] \tag{4-25}$$

式中：$f_{\mathrm{E}}(\theta)$ 和 $f_{\mathrm{H}}(\theta)$ 分别为探头的 E 面和 H 面归一化方向图函数；

$$\begin{bmatrix}D'(\theta,\varphi)\\D''(\theta,\varphi)\end{bmatrix}=-(1-\Gamma_{\mathrm{L}}\Gamma_{\mathrm{P}})\sqrt{\frac{4\pi}{G_{\mathrm{P}}(1-|\Gamma_{\mathrm{P}}|^2)}}\mathrm{e}^{\mathrm{j}kd\cos\theta}\frac{1}{a_0}\begin{bmatrix}I'(\theta,\varphi)\\I''(\theta,\varphi)\end{bmatrix} \tag{4-26}$$

式（4-24）、式（4-25）即为有探头补偿时由近场数据确定天线远场方向图的公式。

4. *扫描面参数选择原则及数据处理技术*

1）扫描面参数选择原则

在实际平面近场扫描过程中，当探头在一系列离散点处时接收机才进行采样。首先介绍一下奈奎斯特采样定理。

$f(x)$ 的谱（傅里叶变换）为

$$F(\omega)=\frac{1}{2\pi}\int_{-\infty}^{\infty}f(x)\mathrm{e}^{\mathrm{j}\omega x}\mathrm{d}x \tag{4-27}$$

若式（4-27）满足 $|\omega|>\omega_m$ 时，$F(\omega)=0$，$f(x)$ 为一个空间谱宽有限的函数，它的谱宽为 $2\omega_m$。这样的 $f(x)$ 可以由它在某间隔 $\Delta x\leqslant\pi/\omega_m$ 的一系列离散点处的值来确定，即

$$f(x)=\sum_{-\infty}^{\infty}f(m\Delta x)\frac{\sin\left[\pi\left(\frac{x}{\Delta x}-m\right)\right]}{\pi\left(\frac{x}{\Delta x}-m\right)} \tag{4-28}$$

下面考虑平面近场天线测量中采样间隔的选取。只要扫描面到待测天线口面的距离选择得较远，衰减模对扫描面上场的贡献已非常小，从而可认为扫描面上场的空间谱带宽限定在［$-k$，k］内（k 为波数），即 $k_{xm}=k$，$k_{ym}=k$。根据上述奈奎斯特采样定理得出采样间隔：

$$\Delta x \leqslant \frac{\pi}{k_{xm}} = \frac{\pi}{k} = \frac{\lambda}{2} \tag{4-29}$$

$$\Delta y \leqslant \frac{\pi}{k_{ym}} = \frac{\pi}{k} = \frac{\lambda}{2} \tag{4-30}$$

式中：λ 为波长。

因此，通常情况下，平面近场天线测量中取样间隔应小于或等于半波长。

扫描面各参数示意图如图 4-5 所示，设待测天线口径宽度为 a，天线口径面与扫描面的距离为 d，扫描面宽度为 L_x，最大可信远场角为 θ_s（最大可信角域为（$-\theta_s$，θ_s）），理论分析和实验表明存在如下关系式：

$$\theta_s \approx \operatorname{arctg}\left(\frac{L_x - a}{2d}\right) \tag{4-31}$$

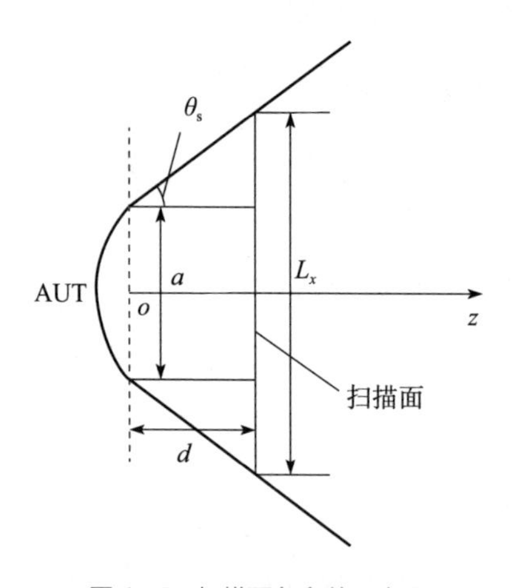

图 4-5　扫描面各参数示意图

为了保证测试精度，所选择的扫描面宽度应满足

$$L_x \geqslant 2d\operatorname{tg}\theta_s + a \tag{4-32}$$

如果待测天线是扫描天线，则通常情况下应增大扫描面的尺寸。设待测天线的扫描角为 θ_0，则一般来说所选择的扫描面宽度应满足

$$L_x \geqslant 2d\text{tg}(\theta_s + |\theta_0|) + a \tag{4-33}$$

待测天线口径面与扫描面之间距离 d 的选择准则是应使探头与天线间多次耦合的影响尽可能小，且使衰减模得到足够衰减，从这点考虑 d 大是有利的；但是 d 大时，要尽可能保证给定的最大可信远场角 θ_s 和截断电平，并且会导致扫描面过大，因此必须根据实际情况折中考虑。d 的选择范围通常位于 $1\lambda \sim 10\lambda$ 的范围内。对尺寸很小且散射较弱的探头，d 可以选择得小一些。

2）数据处理技术

设 $f(x)$ 是频谱为 $2\omega_B$ 的函数（$\int_{-\infty}^{\infty} f(x)\mathrm{e}^{\mathrm{j}\omega x}\mathrm{d}x$ 在 $|\omega| > \omega_B$ 时等于零），则在 $|\omega| < \omega_B$ 内，有

$$\int_{-\infty}^{\infty} f(x)\mathrm{e}^{\mathrm{j}\omega x}\mathrm{d}x = \sum_{n=-\infty}^{\infty} f(n\Delta x)\mathrm{e}^{\mathrm{j}\omega n\Delta x}\Delta x \tag{4-34}$$

计算 $I = \int_{-\infty}^{\infty}\int_{-\infty}^{\infty} b_0'(x, y, d)\mathrm{e}^{\mathrm{j}(k_x x + k_y y)}\mathrm{d}x\mathrm{d}y$ 时，由于 b_0'的空间谱宽有限，故积分 I 可由二重求和代替，再考虑到扫描面尺寸截断为有限，则

$$I = \sum_{n=-\frac{N}{2}}^{\frac{N}{2}} \sum_{n=-\frac{M}{2}}^{\frac{M}{2}} b_0'(n\Delta x, m\Delta y, d)\mathrm{e}^{\mathrm{j}(k_x n\Delta x + k_y m\Delta y)}\Delta x\Delta y \tag{4-35}$$

式（4－35）成立的条件是：$|x| > \frac{N}{2}\Delta x$ 或 $|y| > \frac{M}{2}\Delta y$ 时，$b_0' \approx 0$；$\Delta x \leqslant \frac{\pi}{k_{xm}}$，$\Delta y \leqslant \frac{\pi}{k_{ym}}$，当 $|k_x| > k_{xm}$ 或 $|k_y| > k_{ym}$ 时积分等于零，故只能计算带限范围内的 $I(k_x, k_y)$。

对于式（4－35）可采用快速傅里叶变换（FFT）进行计算。要增加计算方向图的分辨率，可以使用充零技术，即在所取测量数据外面加零测量值，

这种方法使用方便，但对计算机内存要求高。另一种方法是用傅里叶内插法，即先计算出分辨率不高的一系列离散点的值，再由这些值通过傅里叶内插恢复任意角度的远场值。提高分辨率对精确确定天线波束指向，描述天线方向图细节等都十分重要。

5. 超低副瓣天线平面近场测量误差分析与补偿

超大型暗室的建设主要是为了保证测试结果的精度，影响电磁测量结果主要源于以下几方面的误差，包括探头补偿误差、探头定位精度误差、阻抗失配误差、截断误差、接收机灵敏度、多径效应、测量场地散射引起的误差等共 18 项。

为了能够精确地确定待测天线的远场方向图，原则上要求记录待测天线前面一个无穷大平面上探头的输出，即要求扫描面应当无限大。然而，在实际测量中，扫描面总是有限的，并假设有限扫描面以外的场为零，从而在由近远场变换确定天线远场方向图时必然会带来误差。这种由于有限扫描面所造成的误差便称为有限扫描面截断误差，简称截断误差。有限扫描面截断所产生的远场相对误差的上限表达式为

$$\eta(\boldsymbol{r}) \leqslant \frac{\alpha\lambda L_{\max} 10^{-\frac{x}{20}} g(\boldsymbol{r})}{2A\cos\gamma_{\max}} \tag{4-36}$$

式中：A 为天线口径的面积；λ 为波长；$L_{\max}$ 为扫描面的最大宽度；$\gamma_{\max}$ 为扫描面与天线口径面和扫描面的边缘的任意连线之间所成的最大锐角；x 为探头在扫描面边缘处输出的最大幅度；α 为锥削因子（取决于待测天线口径分布的锥削程度，一般情况下 α 的取值范围为 $1 \leqslant \alpha < 5$）；$g(\boldsymbol{r})$ 为最大远区电场的幅度与给定方向 $\boldsymbol{r}$ 上的远区电场之比，即归一化远场方向图的倒数。

在实际的平面近场测量中，探头定位系统的定位精度总是有限的，因而实际测量到的近场并非理论上的均匀间隔的离散栅格点处的场，这样就破坏了正常的傅里叶变换关系式，从而直接由测得的近场进行傅里叶变换所得到的天线远场特性的精度大大降低。如果能够采用某种算法，在探头位置误差已知的情况下（探头位置误差可由精度更高的激光测量系统确定）。首先由实际测量到的近场幅度和相位恢复出均匀间隔的离散栅格点处的场的幅度和相位；然后再进行傅里叶变换并进行探头补偿，则会提高所得到的天线远场的精度，这一过程便是对探头位置误差进行修正的过程。

在天线平面近场测量中，探头与接收机之间的传输线（电缆）会随着探头的扫描运动而产生弯曲和摆动，因而将会给近场测量数据引入相位误差。另外，暗室内的温度变化以及接收机的漂移和非线性也会引入一定的相位误差。所有这些位误差即构成了系统相位误差。关于系统相位误差的补偿方法，一般有以下几种：使用相位稳定性高的传输线；运用“三电缆方法”；严格控制暗室内的温度；使用“Tie 扫描方法”。

多次反射误差的大小可以通过测量对于一个固定的 x、y 位置探头的响应随 z 的变化情况来估计。由于多次反射会导致驻波，因而这一测量将呈现出一种振荡特性。一种简单的补偿多次反射误差的方法是在一系列（2~5 个）紧密间隔的间距 d 的扫描面上（各扫描面的最大偏移量为 $\lambda/2$）测量近场数据：首先分别利用平面近远场变换得到待测天线的远场方向图；然后对各远场方向图进行复数（包含幅度和相位）的加权平均，从而得到平均后的远场方向图，该远场方向图即为对多次反射误差进行补偿后所得待测天线的远场方向图。

由于吸波材料的性能有限，实际上不可能完全吸收入射电磁波，因而总会产生一定的散射，从而给测量结果带来一定的误差，这种误差称为暗室墙壁散射所造成的误差。通常情况下，对于超低副瓣天线平面近场测量，暗室墙壁散射对测量结果的影响是比较小的，原因主要两方面：①在平面近场测量中，待测天线与探头之间的距离较小，相比之下暗室墙壁与待测天线和探头之间的距离则较大，因此待测天线与探头之间的相互耦合（多次反射）对测量结果的影响是主要的，暗室墙壁散射对测量结果的影响则是次要的；②在超低副瓣天线平面近场测量中，一般来说扫描面边缘处的电平相对于扫描面上的电平最大值而言是很低的，暗室墙壁散射对扫描面边缘电平的影响要强于对扫描面中心处电平的影响。但是，由于扫描面边缘处的电平本身就很低，即使暗室墙壁散射对扫描面边缘电平造成较大的影响也不会给测量结果带来多大的影响。

在天线平面近场测量中，适当减小取样间隔能够有效地减小混叠误差对测量结果的影响。对于超低副瓣天线平面近场测量，只要采样间隔 Δx 和 Δy 满足奈奎斯特采样定理，即 $\Delta x \leqslant \lambda/2$，$\Delta y \leqslant \lambda/2$，则就可以将混叠误差控制在很小的范围内（近似为-55dB 副瓣±0.014dB）。当采样间隔为 0.25λ 时，几乎可以忽略混叠误差对远场方向图的计算结果的影响。

通常情况下，系统误差对平面近场测量的影响是主要的，随机误差的影响很小。但是，对于超低副瓣天线或高性能天线的平面近场测量，随机误差将最终限制测试精度，此时必须考虑随机误差的影响。对于超低副瓣天线平面近场测量，当天线口径尺寸较小时，为保证-55dB 副瓣±5dB 的测试精度，对近场幅相随机误差的要求较为严格；当天线口径尺寸较大时，为保证这一精度，对近场幅相随机误差的要求则较为宽松。

4.3 “数字吸波”技术

4.3.1 “数字吸波”的背景

随着武器装备的性能指标越来越高，对相关电磁测量的测试环境和测试精度提出更苛刻的要求，无论是室外测量还是室内测量都需要研究一种技术，用于抑制甚至消除多径、多源干扰效应带来的系统误差，破解大型武器装备平台在吸波暗室中测试“装不下”和室外测量“测不准”等难题。

平面近场测量系统中，虽然已经有许多不同的传统技术用于抑制多径效应，其中包括：硬件和软件时间门，口面空间滤波，背景对消等，但都有一定局限。

近年来出现的“数学反射抑制”（Mathematical Absorber Reflection Suppression，MARS）技术受到广泛关注。“数学反射抑制”是基于场源贡献分离的模式滤波理论，通过后期数据处理，将近场测量中多径效应及场地散射所引起的误差消除的技术。该技术突破了干扰信号综合消除传统技术瓶颈，其优点在于可以大大降低近场测量系统过多地依赖于测试场地尤其是对吸波材料的要求，提高室内室外的测试精度，可实现非微波暗室环境中武器装备平台的整体电磁特性高精度测试。

国际知名的天线测试方案提供商美国 NSI 公司与美国 MI 公司都展开了模式滤波技术的深入研究，并发表多篇学术论文。NSI 公司的 S. F. Gregson 和 A. C. Newell 等人提出的 MARS 技术，是基于柱面波展开进行模式滤波修正。MI 公司的 Doren W. Hess 提出的 Iso Filter 技术，是基于球面波展开进行模式滤波修正的。以上两者虽然选用的模式展开函数不同，但其核心都是模式正交和模式滤波；都是基于实验验证的方法进行研究的，并未用数值仿真的方法严格地验证模式滤波修正技术的效果。因此，需针对模式滤波技术进行理论推导和数值仿真，用于研究模式滤波技术的修正效果。

4.3.2 基于“数字吸波”的多径效应抑制技术

1. 球面波展开

设以坐标原点为球心、半径为 R 的是包围待测天线的最小球体，则在 $r\geqslant R$ 的区域，天线产生的电磁场满足无源区域的场方程，即

$$\nabla^2\boldsymbol{E}+k^2\boldsymbol{E}=0 \tag{4-37}$$

$$\nabla^2\boldsymbol{H}+k^2\boldsymbol{H}=0 \tag{4-38}$$

如果设标量亥姆霍兹方程在球坐标系中的解为 $\Psi(r,\theta,\varphi)$，则

$$\nabla^2\Psi(r,\theta,\varphi)+k^2\Psi(r,\theta,\varphi)=0 \tag{4-39}$$

利用分离变量法，可得式（4－39）在 $r\geqslant R$ 区域的基本解为

$$\Psi_{m,n}(r,\theta,\varphi)=C_{mn}H_n^2(kr)P_n^{|m|}(\cos\theta)\mathrm{e}^{\mathrm{j}m\varphi} \tag{4-40}$$

$$C_{mn}=\sqrt{\frac{(2n+1)(n-|m|)!}{4\pi n(n+1)(n+|m|)!}}\left(-\frac{m}{|m|}\right)^m \tag{4-41}$$

式中：系数 $n=1,2,3,\cdots$；$m=0,\pm1,\pm2,\cdots,\pm n$；$P_n^{|m|}(\cos\theta)$ 为连带勒让德函数；$H_n^2(kr)$ 为第二类球汉克尔函数，表示向外传播的球面波。

引入矢量波函数

$$\boldsymbol{L}=\nabla\Psi \tag{4-42}$$

$$\boldsymbol{M}=\nabla\times(\boldsymbol{r}\Psi) \tag{4-43}$$

$$\boldsymbol{N}=\nabla\times\nabla\times(\boldsymbol{r}\Psi)/k \tag{4-44}$$

矢量波函数均满足式（4－39），并构成了矢量亥姆霍兹方程的完备解，任何满足矢量亥姆霍兹方程的矢量场均可以用矢量波函数展开。

将基本解式（4－40）代入式（4－43）和式（4－44）中，可得

$$\boldsymbol{M}_{mn}(r,\theta,\varphi)=C_{mn}H_n^2(kr)\left[\frac{\mathrm{j}mP_n^{|m|}(\cos\theta)}{\sin\theta}\hat{\boldsymbol{\theta}}-\frac{\mathrm{d}P_n^{|m|}(\cos\theta)}{\mathrm{d}\theta}\hat{\boldsymbol{\varphi}}\right]\mathrm{e}^{\mathrm{j}m\varphi} \tag{4-45}$$

$$\boldsymbol{N}_{mn}(r,\theta,\varphi)=C_{mn}\left\{\left[\frac{\mathrm{d}P_n^{|m|}(\cos\theta)}{\mathrm{d}\theta}\hat{\boldsymbol{\theta}}+\frac{\mathrm{j}mP_n^{|m|}(\cos\theta)}{\sin\theta}\hat{\boldsymbol{\varphi}}\right]\cdot\frac{1}{kr}\cdot\frac{\mathrm{d}}{\mathrm{d}r}[rH_n^2(kr)]+\frac{n(n+1)}{kr}H_n^2(kr)P_n^{|m|}(\cos\theta)\hat{\boldsymbol{r}}\right\}\mathrm{e}^{\mathrm{j}m\varphi} \tag{4-46}$$

将式（4-45）和式（4-46）进行线性组合，得到$r\geqslant R$区域的场表达式为

$$\boldsymbol{E}(r,\theta,\varphi)=\sum_{n=0}^{N}\sum_{m=-n}^{n}a_{mn}\boldsymbol{M}_{mn}(r,\theta,\varphi)+b_{mn}\boldsymbol{N}_{mn}(r,\theta,\varphi) \tag{4-47}$$

式中：模系数a_{mn}为$\boldsymbol{M}_{mn}$模的复振幅；模系数b_{mn}为$\boldsymbol{N}_{mn}$模的复振幅。

在球面测量系统中，空间中位置（r，θ，φ）处的电场的切向分量可以写为

$$\boldsymbol{E}_t(r,\theta,\varphi)=\sum_{n=1}^{N}\sum_{m=0}^{n}(\boldsymbol{e}_{mn}^{\mathrm{TE}s}\alpha_{mn}^{s}+\boldsymbol{e}_{mn}^{\mathrm{TE}a}\alpha_{mn}^{a})H_n^2(kr)+(\boldsymbol{e}_{mn}^{\mathrm{TM}s}\beta_{mn}^{s}+\boldsymbol{e}_{mn}^{\mathrm{TM}a}\beta_{mn}^{a})\frac{1}{kr}\frac{\partial[rH_n^2(kr)]}{\partial r} \tag{4-48}$$

式中：α_{mn}^s、α_{mn}^a、β_{mn}^s、β_{mn}^a为对应模式的展开系数；$\boldsymbol{e}_{mn}^{\mathrm{TE}s}$、$\boldsymbol{e}_{mn}^{\mathrm{TE}a}$、$\boldsymbol{e}_{mn}^{\mathrm{TM}s}$、$\boldsymbol{e}_{mn}^{\mathrm{TM}a}$为球面波的四个基本模式，可表示为

$$\begin{cases}\boldsymbol{e}_{mn}^{\mathrm{TE}s}=\hat{\boldsymbol{\theta}}mS_{mn}\cos m\varphi-\hat{\boldsymbol{\varphi}}S'_{mn}\sin m\varphi\\\boldsymbol{e}_{mn}^{\mathrm{TE}a}=\hat{\boldsymbol{\theta}}mS_{mn}\sin m\varphi+\hat{\boldsymbol{\varphi}}S'_{mn}\cos m\varphi\\\boldsymbol{e}_{mn}^{\mathrm{TM}s}=\hat{\boldsymbol{\theta}}S'_{mn}\cos m\varphi-\hat{\boldsymbol{\varphi}}mS_{mn}\sin m\varphi\\\boldsymbol{e}_{mn}^{\mathrm{TM}a}=\hat{\boldsymbol{\theta}}S'_{mn}\sin m\varphi+\hat{\boldsymbol{\varphi}}mS_{mn}\cos m\varphi\end{cases} \tag{4-49}$$

式中：S_{mn}为勒让德多项式；S'_{mn}为连带勒让德多项式。

综上所述，在$r\geqslant R$区域，天线场可以表示为$\boldsymbol{e}_{mn}^{\mathrm{TE}s}$、$\boldsymbol{e}_{mn}^{\mathrm{TE}a}$、$\boldsymbol{e}_{mn}^{\mathrm{TM}s}$、$\boldsymbol{e}_{mn}^{\mathrm{TM}a}$的加权和的形式。权系数$\alpha_{mn}^s$、$\alpha_{mn}^a$、$\beta_{mn}^s$、$\beta_{mn}^a$包含了天线的完整信息，求得权系

数，就可以算出天线辐射场的其他特征参数。

当 $r\to\infty$ 时，第二类汉克尔函数可以进行如下的近似。

$$\lim_{r\to\infty} H_n^2(kr) = \mathrm{j}^{n+1}\frac{\mathrm{e}^{-\mathrm{j}kr}}{kr} \tag{4-50}$$

$$\lim_{r\to\infty}\frac{1}{kr}\frac{\partial(rH_n^2(kr))}{\partial r} = \mathrm{j}^n\frac{\mathrm{e}^{-\mathrm{j}kr}}{kr} \tag{4-51}$$

将式（4-50）和式（4-51）代入式（4-48），可得

$$\boldsymbol{E}_t(r,\theta,\varphi) = \frac{\mathrm{e}^{-\mathrm{j}kr}}{kr}\sum_{n=1}^{N}\sum_{m=0}^{n}\boldsymbol{e}_{mn}^{\mathrm{TE}s}\alpha_{mn}^{s}\mathrm{j}^{n+1} + \boldsymbol{e}_{mn}^{\mathrm{TE}a}\alpha_{mn}^{a}\mathrm{j}^{n+1} + \boldsymbol{e}_{mn}^{\mathrm{TM}s}\beta_{mn}^{s}\mathrm{j}^{n} + \boldsymbol{e}_{mn}^{\mathrm{TM}a}\beta_{mn}^{a}\mathrm{j}^{n} \tag{4-52}$$

式（4-52）中略去与 θ，φ 无关的 $\mathrm{e}^{-\mathrm{j}kr}/kr$ 因子，就可以得到天线的远场方向图表达式：

$$\boldsymbol{F}_{00}(\theta,\varphi) = \sum_{n=1}^{N}\sum_{m=0}^{n}\boldsymbol{e}_{mn}^{\mathrm{TE}s}\alpha_{mn}^{s}\mathrm{j}^{n+1} + \boldsymbol{e}_{mn}^{\mathrm{TE}a}\alpha_{mn}^{a}\mathrm{j}^{n+1} + \boldsymbol{e}_{mn}^{\mathrm{TM}s}\beta_{mn}^{s}\mathrm{j}^{n} + \boldsymbol{e}_{mn}^{\mathrm{TM}a}\beta_{mn}^{a}\mathrm{j}^{n} \tag{4-53}$$

基于式（4-52），利用球面波四组基本模式之间的正交性，可推导各个模式的展开系数 α_{mn}^{s}、α_{mn}^{a}、β_{mn}^{s} 和 β_{mn}^{a} 的数学表达式分别为

$$\alpha_{mn}^{i} = k\frac{1}{\mathrm{j}^{n+1}}\int_0^{2\pi}\int_0^{\pi}F_{00}(\theta,\varphi)\cdot\boldsymbol{e}_{mn}^{\mathrm{TE}i}\sin\theta\mathrm{d}\theta\mathrm{d}\varphi \tag{4-54}$$

$$\beta_{mn}^{i} = k\frac{1}{\mathrm{j}^{n}}\int_0^{2\pi}\int_0^{\pi}F_{00}(\theta,\varphi)\cdot\boldsymbol{e}_{mn}^{\mathrm{TM}i}\sin\theta\mathrm{d}\theta\mathrm{d}\varphi \tag{4-55}$$

式中：$i=a$，s。

可见模式的展开系数均为总场 $F_{00}(\theta,\varphi)$ 的函数。

因此，利用仿真或者测量得到的待测目标的场数据，代入式（4-54）、式（4-55），可反推计算其对应的各个模式展开系数。在完成各个模式展开系数的求解以后，代入式（4-52）即可完整表征待测天线的远场方

向图。

2. 数字吸波对多径效应的抑制原理

在微波暗室中，由 AUT 辐射的电磁波照射到非理想吸波材料或者其他散射体上后，会产生次级辐射源；次级辐射源产生的散射场会对 AUT 的测量结果产生一定的影响，称为多径效应。

设待测天线在存在多径效应影响的环境下进行测试得到的电场为 $\boldsymbol{E}_t(r, \theta, \varphi)$。可以将其分为两部分：一部分是由 AUT 的电磁源产生的切向电场（无多径效应），记为 $\boldsymbol{E}_{0t}(r, \theta, \varphi)$；另一部分是由多径效应的次级辐射源产生的切向电场，记为 $\boldsymbol{E}'_t(r, \theta, \varphi)$。则

$$\boldsymbol{E}_t(r,\theta,\varphi)=\boldsymbol{E}_{0t}(r,\theta,\varphi)+\boldsymbol{E}'_t(r,\theta,\varphi) \tag{4-56}$$

由上述“球面波展开”部分可知，天线产生的电磁场可以用球面波进行展开。式（4-48）可以简写为

$$\boldsymbol{E}_t(r,\theta,\varphi)=\sum_{n=1}^{N}\sum_{m=0}^{n}\sum_{i=s,a}\boldsymbol{e}_{mn}^{\mathrm{TE}i}\alpha_{mn}^{i}H_n^2(kr)+\boldsymbol{e}_{mn}^{\mathrm{TM}i}\beta_{mn}^{i}\frac{1}{kr}\frac{\partial[rH_n^2(kr)]}{\partial r} \tag{4-57}$$

数字吸波技术的最小球示意图如图 4-6 所示。图为两个球体包围待测天线，一个是半径为 r_0 的包围待测天线的最小球；另一个是半径为 r_1 的包围可能存在多径干扰源所在区域的球体，其中 $r_0<r_1$。

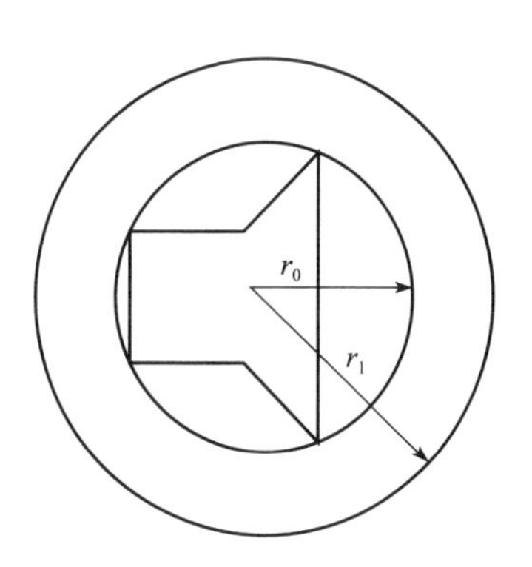

图 4-6　数字吸波技术的最小球示意图

设待测天线的电磁源在自由空间中产生的场为 $\boldsymbol{E}_{0t}(r, \theta, \varphi)$，包围待测天线的最小球半径为 r_0，则在 r_1 之外的场 $\boldsymbol{E}_{0t}(r, \theta, \varphi)$ 可以利用球面波展开为

$$\boldsymbol{E}_{0t}(r,\theta,\varphi)=\sum_{n=1}^{N_0}\sum_{m=0}^{n}\sum_{i=s,a}\boldsymbol{e}_{mn}^{\mathrm{TE}i}\alpha_{0mn}^{i}H_n^2(kr)+\boldsymbol{e}_{mn}^{\mathrm{TM}i}\beta_{0mn}^{i}\frac{1}{kr}\frac{\partial[rH_n^2(kr)]}{\partial r}\quad(4-58)$$

式中：$N_0=[kr_0]+10$。

设多径干扰源在自由空间中产生的场为 $\boldsymbol{E}_t'(r,\theta,\varphi)$，包围待测天线的最小球半径为 r_1，则在 r_1 之外的场 $\boldsymbol{E}_t'(r,\theta,\varphi)$ 可以利用球面波展开为

$$\boldsymbol{E}_t'(r,\theta,\varphi)=\sum_{n=1}^{N_1}\sum_{m=0}^{n}\sum_{i=s,a}\boldsymbol{e}_{mn}^{\mathrm{TE}i}\alpha_{1mn}^{i}H_n^2(kr)+\boldsymbol{e}_{mn}^{\mathrm{TM}i}\beta_{1mn}^{i}\frac{1}{kr}\frac{\partial[rH_n^2(kr)]}{\partial r}\quad(4-59)$$

式中：$N_1=[kr_1]+10$。

当 $1\leqslant n\leqslant N_0$ 且 $0\leqslant m\leqslant n$ 时，有

$$\alpha_{mn}^{i}=\alpha_{0mn}^{i}+\alpha_{1mn}^{i}\quad(4-60)$$

$$\beta_{mn}^{i}=\beta_{0mn}^{i}+\beta_{1mn}^{i}\quad(4-61)$$

研究表明，多径效应的次级辐射源产生的电场的能量主要集中在高阶项。因此，当 $1\leqslant n\leqslant N_0$ 且 $0\leqslant m\leqslant n$ 时，式（4-60）和式（4-61）可近似表示为

$$\alpha_{0mn}^{i}\approx\alpha_{mn}^{i}\quad(4-62)$$

$$\beta_{0mn}^{i}\approx\beta_{mn}^{i}\quad(4-63)$$

将式（4-62）和式（4-63）代入式（4-58），可得

$$\boldsymbol{E}_{0t}(r,\theta,\varphi)=\sum_{n=1}^{N_0}\sum_{m=0}^{n}\sum_{i=s,a}\boldsymbol{e}_{mn}^{\mathrm{TE}i}\alpha_{mn}^{i}H_n^2(kr)+\boldsymbol{e}_{mn}^{\mathrm{TM}i}\beta_{mn}^{i}\frac{1}{kr}\frac{\partial[rH_n^2(kr)]}{\partial r}\quad(4-64)$$

经过以上分析过程，可以将基于数字吸波的多径效应抑制技术的操作步骤总结如下。

（1）利用天线测量技术得到待测天线受多径效应影响的远场方向图；

（2）通过坐标平移将天线方向图的坐标原点平移至待测天线的物理中心；

（3）对平移后的场数据做球面波展开，获得模式系数 α_{mn}^{i} 和 β_{mn}^{i}；

（4）通过滤波函数，只保留用于描述待测天线的模式系数 α_{0mn}^{i} 和 β_{0mn}^{i}；

（5）根据模式系数得到待测天线的方向图。如图 4-7 所示为数字吸波技术的操作流程。

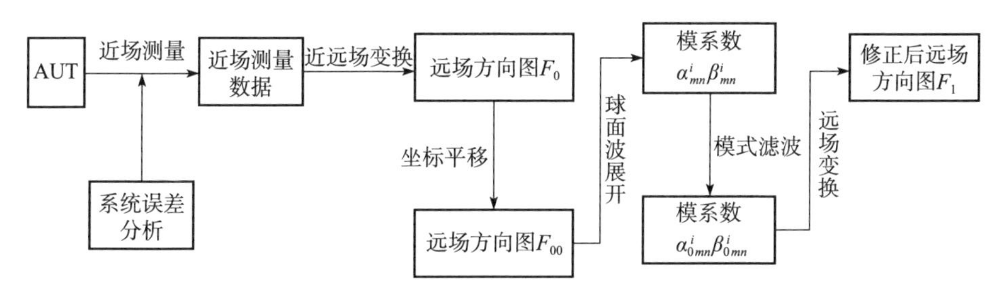

图 4-7　数字吸波技术操作流程

3. 方向图的坐标平移

在实现基于数字吸波的多径效应抑制技术时，故意偏置待测天线，使其偏离测量中心，可以使包含待测目标的球面波展开项具有更多的项数，通过坐标平移将坐标原点数学地平移到待测天线的物理中心，可以使包含多径干扰的能量主要集中在高阶项，从而可以通过模式滤波将模式高阶项滤除，实现对多径干扰的抑制。因此，坐标平移是基于数字吸波的多径效应抑制技术的关键之一。

坐标系平移示意图如图 4-8 所示，设待测天线以 O 点为坐标原点的远区电场的主极化分量表示为

$$E_m(r,\theta,\varphi)=|E_m(r,\theta,\varphi)|e^{j\Psi_0(r,\theta,\varphi)} \tag{4-65}$$

式中：$|E_m(r,\theta,\varphi)|$为远场主极化分量的幅度方向函数；$\Psi_0(r,\theta,\varphi)$ 为远场主极化分量的相位方向图。

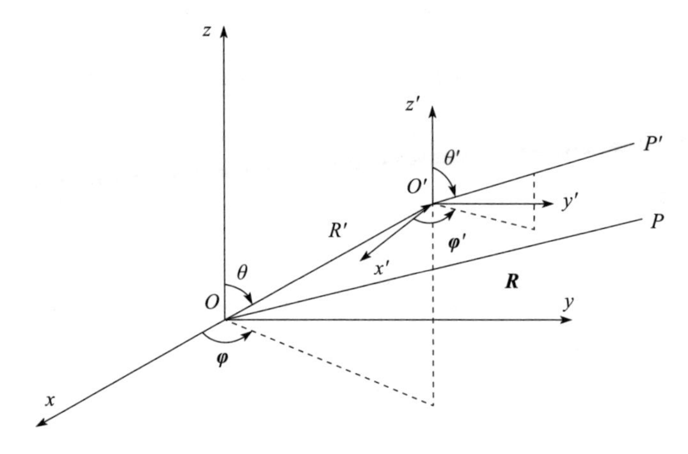

图 4-8 坐标系平移示意图

假设新的坐标系的原点位于 O'点，对于远区场点，通常认为射线 OP 和 OP'平行，由于坐标系 $O'-x'y'z'$和坐标系 $O-xyz$ 的各轴主方向一致，因此，$\hat{\boldsymbol{x}}=\hat{\boldsymbol{x}}'$，$\hat{\boldsymbol{y}}=\hat{\boldsymbol{y}}'$，$\hat{\boldsymbol{z}}=\hat{\boldsymbol{z}}'$，$\hat{\boldsymbol{\theta}}=\hat{\boldsymbol{\theta}}'$，$\hat{\boldsymbol{\varphi}}=\hat{\boldsymbol{\varphi}}'$。

天线的远场振幅方向图与坐标系的原点选择无关，而天线的远场相位方向图与坐标系的原点选择密切相关。因此，在两个坐标系 $O'-x'y'z'$和 $O-xyz$ 中，同一远区场点的远场振幅方向图一致，而相位存在相位差。

此时，以 O'为坐标原点的远区电场的主极化分量可以表示为

$$E'(r',\theta',\varphi')=E(r,\theta,\varphi)\cdot \mathrm{e}^{-\mathrm{j}k\frac{\boldsymbol{R}\cdot\boldsymbol{r}}{|\boldsymbol{r}|}} \tag{4-66}$$

4. 模式滤波

将坐标平移至待测目标的物理中心后，进行球面波展开，选取最小球半径为 R_1，根据经典的球面波展开理论，仅需要模式系数的前 $N_r=[kR_1]+10$ 项（或略大于该数值）即可完全表征天线的远场辐射特性。因此，可以通过模式滤波，仅仅保留前 $N_r=[kR_1]+10$ 项来描述天线的远场辐射特性。

常用的模式滤波函数如下所示。

（1）矩形窗函数：

$$\mathrm{Filter}(n)=\begin{cases}1 & 1\leqslant n\leqslant N_{\mathrm{r}}\\ 0 & \text{其他}\end{cases} \tag{4-67}$$

（2）传统 MARS 窗函数：

$$\mathrm{Filter}(n)=\begin{cases}1 & 1\leqslant n\leqslant N_{\mathrm{r}}\\ (1/2)^{n-N_{\mathrm{r}}} & \text{其他}\end{cases} \tag{4-68}$$

（3）余弦平方函数：

$$\mathrm{Filter}(n)=\begin{cases}1 & 1\leqslant n\leqslant N_{\mathrm{r}}\\ (\cos(\pi(n-N_0)/2N_0))^2 & N_{\mathrm{r}}<n\leqslant N_{\mathrm{r}}+N_0\\ 0 & \text{其他}\end{cases} \tag{4-69}$$

式中：$N_0=10$。

经过模式滤波之后，球面波模式系数分别为

$$\alpha_{0mn}^{i}=\alpha_{mn}^{i}\cdot \mathrm{Filter}(n) \tag{4-70}$$

$$\beta_{0mn}^{i}=\beta_{mn}^{i}\cdot \mathrm{Filter}(n) \tag{4-71}$$

5. 基于数字吸波的多径效应抑制技术的数值仿真

基于上述对数字吸波技术的分析，本节将对数字吸波技术对多径效应的抑制效果进行数值建模和仿真。数字吸波技术的数值仿真流程如图 4-9 所示。

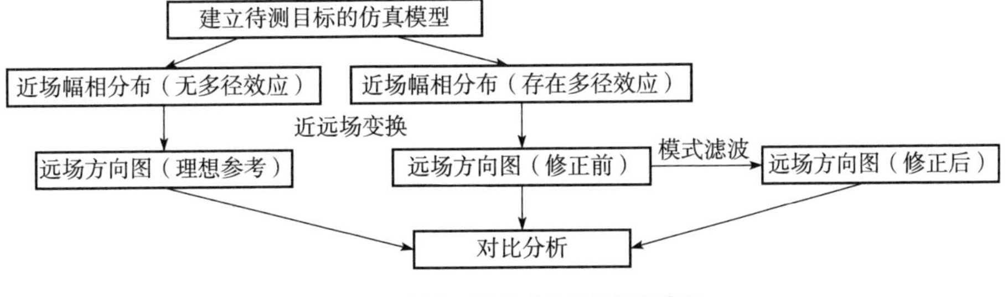

图 4-9　数字吸波技术的数值仿真流程

在做数字吸波技术的实际测试时，一般采用近场扫描系统获得近场测量数据，需要根据实测环境以及待测目标天线的状态参数确定多径干扰项以及误差项，并计算分析有限扫描面的截断误差、探头位置误差、系统相位误差、混叠误差以及近场幅相随机误差。在数值仿真中，可直接获得球面远场数据，以避免上述误差项和近远场变换误差对本章所述技术抑制多径干扰效果分析的影响。

本节所述数值仿真过程的原始数据均由电磁仿真软件 FEKO 计算获得。

首先，建立数学仿真模型对受到多径效应影响的待测目标进行计算，得到受到多径效应影响的远场幅度分布和远场相位分布，记为修正前的远场方向图；然后，通过 FEKO 的特殊功能获得不含多径效应的待测目标的阵中场分布，记为无多径效应影响的理想参考结果，对受到多径效应影响的远场方向图进行模式滤波处理，得到修正后的远场方向图；最后，对三类方向图进行对比分析，并得出模式滤波技术的抑制干扰效果。

仿真算例 1：仿真模型选用线极化喇叭天线，仿真模型示意图如图 4－10 所示。喇叭天线工作频率为 2.4GHz，坐标原点位于喇叭天线的物理中心，最小球半径为 $R=44.58\text{cm}$。

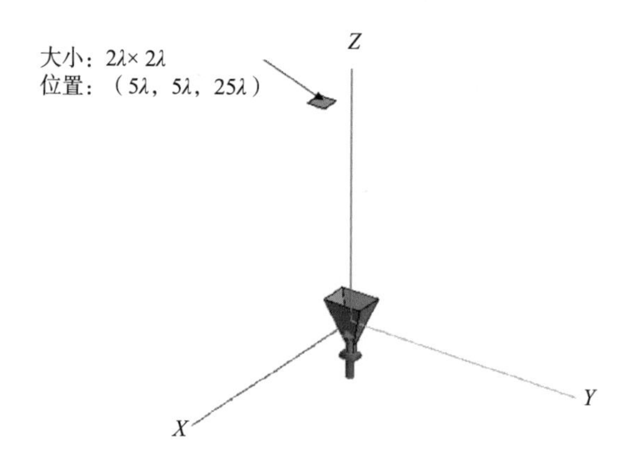

图 4－10　算例 1 仿真模型示意图

当线极化的电磁波照射到金属平板结构上时，散射波的极化与来波相同，因此，次级辐射源的极化与来波的极化相同，这种情况是天线实际测试中常见的情况。在算例 1 中设置次级辐射源为一金属平板结构，大小为 $2\lambda \times 2\lambda$，分布位置为（5λ，5λ，25λ）。

仿真算例 1 中 MARS 处理前和处理后的远场方向图与理想远场方向图的对比如图 4-11 所示。在 MARS 处理前由于多径干扰的影响，三个切面的方向图均有明显的波动。与修正前的结果相比，经过 MARS 处理后的方向图波动有明显的减弱，受干扰区域有明显改善。由图 4-11(a) 和（b）可以看出，修正前受多径效应影响的方位角 0°的俯仰 = 0°面和方位角 0°的俯仰 = 90°方向图与天线阵中场方向图的误差水平在 -30dB 左右，而经过 MARS 技术的修正，将

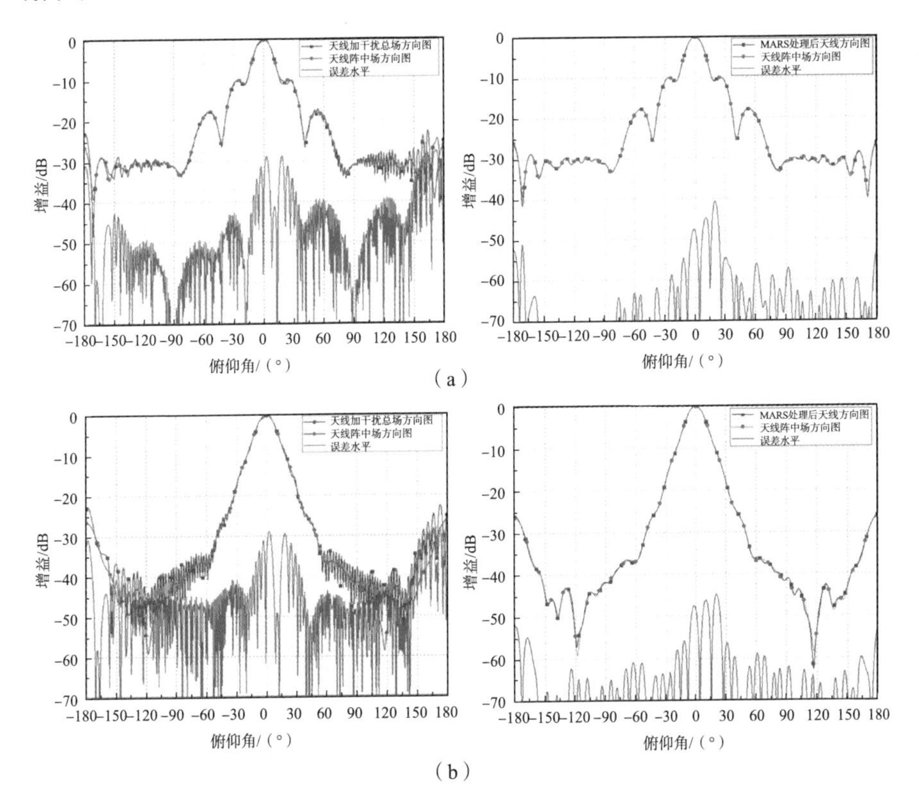

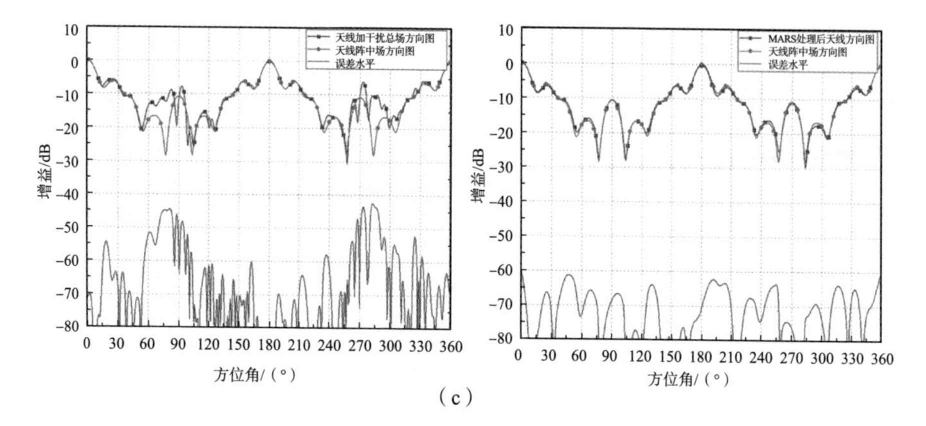

图 4-11　仿真算例 1 中 MARS 处理前和处理后的远场方向图与理想远场方向图的对比
(a) 方位角 0°的俯仰面远场方向图；(b) 方位角 90°的俯仰面远场方向图；
(c) 俯仰角 90°的方位面远场方向图。

误差水平降低至 -45dB 左右。由图 4-11(c) 可以看出，修正前受多径效应影响的俯仰角 90°的方位 = 90°面的方向图与天线阵中场方向图的误差水平在 -45dB 左右，而经过 MARS 技术的修正，将误差水平降低至 -60dB 左右。

仿真算例 2：仿真模型的示意图如图 4-12 所示。喇叭 1 位于坐标原点，作为待测天线，喇叭 2 的位置位于（25λ，25λ，0)，作为强辐射干扰源，两个喇叭天线的工作状态完全相同，工作频率为 2.4GHz。

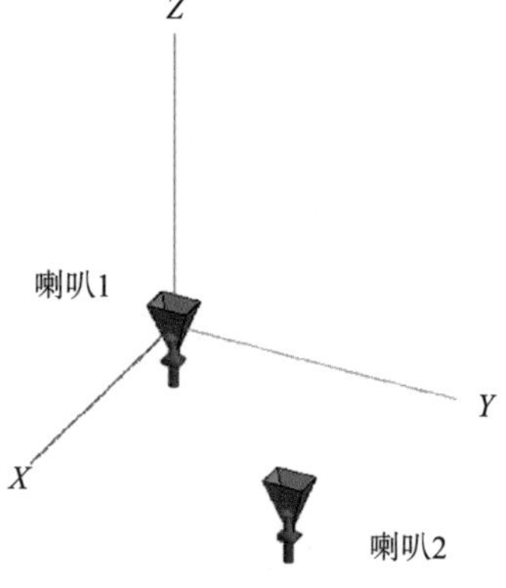

图 4-12　算例 2 仿真模型示意图

仿真算例 2 中，MARS 处理前和处理后的远场方向图与理想远场方向图的对比如图 4-13 所示。在 MARS 处理前的方向图为待测天线喇叭 1 和强辐射干扰源喇叭 2 的叠加。与修正前的结果相比，经过 MARS 处理后的方向图明显抑制了喇叭 2 产生的强干扰，受干扰区域有明显改善。由图 4-13 可以看出，MARS 处理后的方向图与天线阵中场吻合较好。

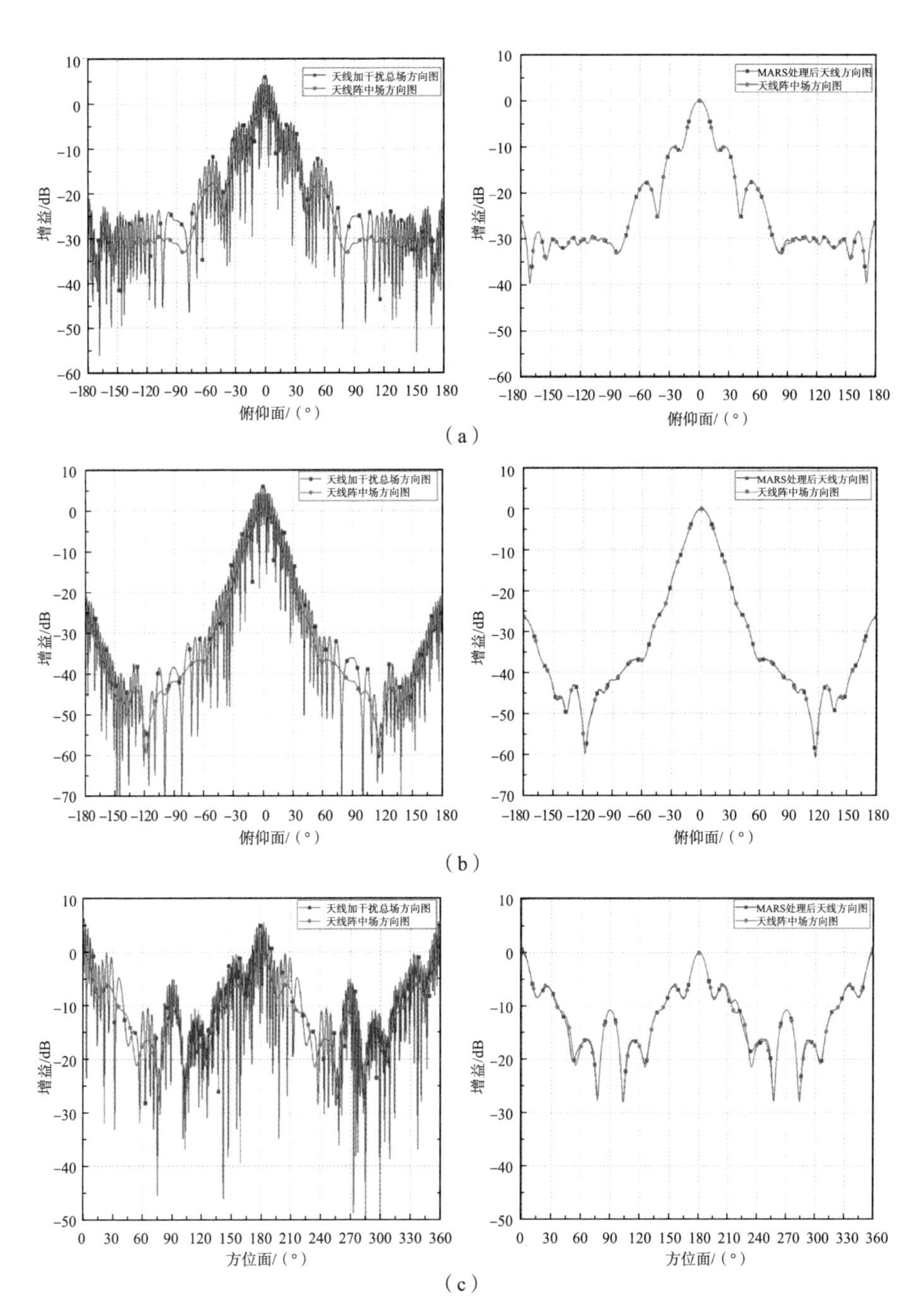

图 4-13　仿真算例 2 中 MARS 处理前和处理后的远场方向图与理想远场方向图的对比
(a) 方位角 0°的俯仰面远场方向图；(b) 方位角 90°的俯仰面远场方向图；
(c) 俯仰角 90°的方位面远场方向图。

4.3.3 “数字吸波”的优势

基于模式展开理论实现的数字吸波技术，消除了测试环境中的多径、多源干扰效应。通过运用无人机机械臂等灵活、多功能数据采样方式，打破传统微波暗室几何尺寸对装备电磁性能测试的技术极限，在应用环境中实现大型装备平台微波暗室般高精度辐射散射测量和高效电磁故障诊断，在开放空间完成了复杂信息装备电磁性能的整体综合验证，破解了大型装备电磁实验受限于微波暗室条件的技术难题。

4.4 “场-路”问题中的协同测算

本节首先介绍场路耦合问题的背景知识，然后重点阐述场路耦合问题中的协同测算方法。

4.4.1 背景知识

作为现代信息技术重要基础之一的集成电路，是实现高速计算机、高速大容量通信、高速信息处理等技术的关键硬件，在国防、电力、交通、通信、金融等领域应用广泛。随着集成电路工艺技术水平的不断提高，集成电路功能越来越复杂，规模越来越大，工作频率和集成度越来越高，这些都对集成电路的仿真和设计带来了很大挑战。集成电路工作频率的提高使得电路中的波效应越来越明显，由互连与封装结构高频电磁场效应引起的信号完整性问题、电源/接地开关噪声引起的电源完整性问题、元件与芯片之间的电磁兼容与电磁干扰问题等严重影响系统的性能与可靠性，单纯使用传统的电路理论分析方法难以对这些问题准确分析，需要结合电磁场数值方法进行场路耦合仿真。

如图 4-14 所示，场路耦合仿真方法通常将整个集成电路分成电磁结构与电路模块两部分，采用时域有限差分法、有限元法、矩量法等全波方法对各种复杂封装与互连等电磁结构进行分析，采用电路理论分析方法对电路模块进行分析，再通过建立电磁结构与电路模块的接口将二者耦合起来，最终实现二者一体化仿真。现有的场路耦合仿真方法主要有两大类：一类是频域方法，主要是谐波平衡法；另一类是时域方法，由于时域方法通常更适合分析非线性及宽带问题，并且便于和其他物理场计算方法耦合，所以近年来获得了较大关注。关于时域的场路耦合仿真方法的研究主要集中在时域全波方法选取和电路模块分析方法上。

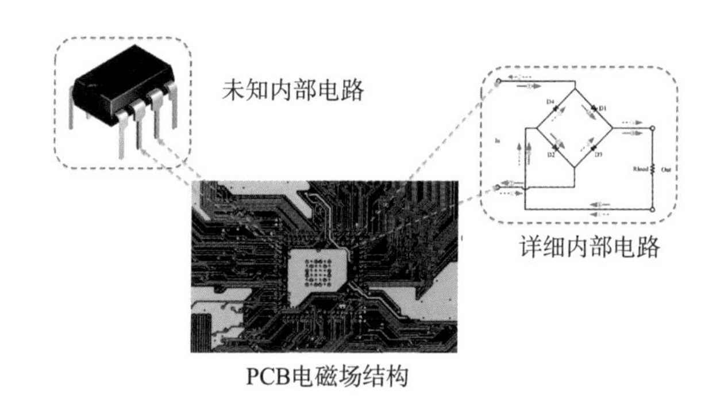

图 4-14　高速集成电路场路耦合问题描述

1. 时域全波方法的选取

计算电磁学中常用的时域全波方法主要有三种：时域有限差分（FDTD）法、时域有限元（FETD）法和时域积分方程（TDIE）法。由于 FDTD 法原理简单且易于实现，该方法较早应用于场路耦合仿真，但 FDTD 法采用规则网格剖分，对弯曲表面需要阶梯近似，在分析复杂结构时精度会受影响。与 FDTD 法相比，FETD 法几何建模更加灵活，通过采用自由网格剖分能够自然、有效地求解由任意形状和非均匀介质构成的复杂边值问题，还可以采用高阶基函数提高计算精度，因此，该方法近年来广泛应用于场路耦合仿真。FDTD 法和 FETD 法均属于时域微分方程法，TDIE 法在场路耦合仿真中也有应用，但由于 TDIE 法求解大规模问题时内存需求和计算量较大，编程也较为复杂，导致其在场路耦合仿真中的应用不够广泛。

综上所述，FETD 法非常适合场路耦合仿真，但传统的 FETD 法每个时间步需要求解大型稀疏矩阵方程，随着问题规模的增大，矩阵方程规模也会变大，使得求解方程需要很大代价。近年来，兴起一种时域间断伽辽金法（discontinuous galerkin time domain method，DGTD），在继承了 FETD 法优势的同时，通过采用数值通量实现单元级区域分解，每个单元独立求解矩阵方程，避免了求解大型稀疏矩阵方程，且 DGTD 法易于并行，因此在分析大规模问题时具有较大优势，最近已有学者将 DGTD 法应用于场路耦合仿真。另外，将 DGTD 法应用于场路耦合仿真还有一个额外的优势，当电路模块含有非线性元件时，如果采用 FETD 法，最终需要求解一个大的全局的非线性方程，而 DGTD 法只有与电路模块相连接的单元受到影响，仅该单元对应的方程变为非线性方程，其余单元对应方程仍为线性方程。

2. 电路模块分析方法

针对不同类型的电路模块所采用的分析方法也不同，电路模块可以根据内部细节是否已知进行划分（图 4-14），这里所说的内部细节是指电路系统自身或其等效电路的拓扑结构以及元器件的详细信息，根据这些信息结合电路理论可以建立电路方程，也可根据是否包含非线性元件进行划分，线性电路系统是由电阻、电容、电感等线性元件构成，非线性电路系统通常包含非线性元件，如二极管、三极管等。综合这两种分类依据，可将电路模块分为四种类型：内部细节已知的线性电路（A 类型）、内部细节已知的非线性电路（B 类型）、内部细节未知的线性电路（C 类型）、内部细节未知的非线性电路（D 类型）。

A、B 类型电路内部细节已知，均可采用改进节点分析法列写电路方程，不同之处在 A 类型电路所建立的方程为线性方程，而 B 类型电路建立的方程为非线性方程，在与电磁部分方程耦合以后所形成的方程也分别为线性和非线性方程，针对非线性方程需要采用专门的求解算法，如牛顿－拉弗森法。由于对含 A、B 类型电路的场路耦合仿真问题分析原理相同，许多学者对其一并进行了研究，这些研究的主要区别在于所采用的时域全波方法不同，FDTD 法、FETD 法、TDIE 法、DGTD 法均已应用于含 A、B 类型电路模块的有源微波电路以及高速集成电路仿真。

实际应用中由于知识产权保护等原因，往往难以获取电路模块的内部细节，因而无法像 A、B 类型电路一样利用电路理论列出电路方程，若此时电路模块为线性电路也即 C 类型电路，这一问题已存在解决方案，即将线性电路模块视为黑盒子。首先利用散射矩阵或导纳矩阵描述其端口特性，利用微波技术理论可以将散射矩阵转化为导纳矩阵；然后将拉普拉斯域的导纳矩阵变换到时域，可得到电路系统的端口电流和电压关系；最后需要做的工作就和电路内部细节已知情况下相同，即在端口处建立电磁场量与电压、电流的耦合关系，得出场路耦合方程。同样，该方案首先在 FDTD 法中得到验证，进而在 FETD 法中实施，近期在 DGTD 法中也得以实现。

针对 D 类型电路模块，实现场路耦合仿真的研究少之又少。I. Scott 等采用输入/输出缓冲器信息规范（IBIS）模型与传输线模型法结合进行场路耦合仿真，IBIS 模型是从电路外部在一定条件下测得的直流伏安和瞬态特性的数据表格，IBIS 模型不泄露任何有关设计技术和底层布线过程的敏感信息，从而保护了经销商及研发者的知识产权。但是，随着数据通信速率以及集成电路复杂度的提高，IBIS 模型的精度越来越不能令工业界满意。近年来，有学者提出了基于时域全波算法与S型基函数宏模型的场路耦合仿真方法，该方法基于集总端口的电流与电压数据，利用S型基函数神经网络训练获得电路端口特性宏模型，再将该宏模型与全波方法耦合，实现场路一体化仿真，该方法同时适用于含C、D类型电路模块的场路问题，具有良好的应用前景。

4.4.2 场路耦合问题中的协同测算方法

由于难以获取电路模块的网络拓扑结构和几何形状，只能将电路模块视为黑盒子，也就是C、D类型电路模块的情况，通过上述背景介绍可知，可以采用协同测算的方法。首先测量电路模块端口的电流与电压数据；然后利用S型基函数神经网络训练获得电路端口特性宏模型；最后将该宏模型与全波方法耦合实现场路一体化仿真。协同测算中“测”是针对电路模块部分，通过测量获取电路模块端口处的电流、电压测量数据，“算”是针对电磁结构部分，使用FDTD、FETD、TDIE、DGTD等三维电磁全波数值方法对已知的电磁结构进行精确建模和仿真计算，获得端口处的电磁场量，最后通过端口处电磁场量与电压、电流的关系将两个部分耦合起来。下面基于DGTD算法与S型基函数宏模型的协同测算方法进行详细介绍。

1. 利用DGTD法分析电磁结构

DGTD法可以看作时域有限元法与时域有限体积法的结合，通过采用数值通量能够实现单元级区域分解，避免了时域有限元法求解大型稀疏矩阵方程的问题，从而使得DGTD法能够求解FETD法不能求解的大规模问题。

DGTD法基于麦克斯韦方程：

$$\varepsilon \frac{\partial \boldsymbol{E}}{\partial t}+\boldsymbol{J}_s=\nabla \times \boldsymbol{H} \tag{4-72}$$

$$-\mu \frac{\partial \boldsymbol{H}}{\partial t}=\nabla \times \boldsymbol{E} \tag{4-73}$$

对计算区域进行空间离散，DGTD 法单元离散示意图如图 4-15 所示，图中为采用四面体单元离散后相邻的第 i 个单元和第 j 个单元，对于单元 i 中的电场 $\boldsymbol{E}^i$ 和磁场 $\boldsymbol{H}^i$，分别采用基函数 $\boldsymbol{\Phi}_l^i$ 和 $\boldsymbol{\Psi}_l^i$ 进行展开，即

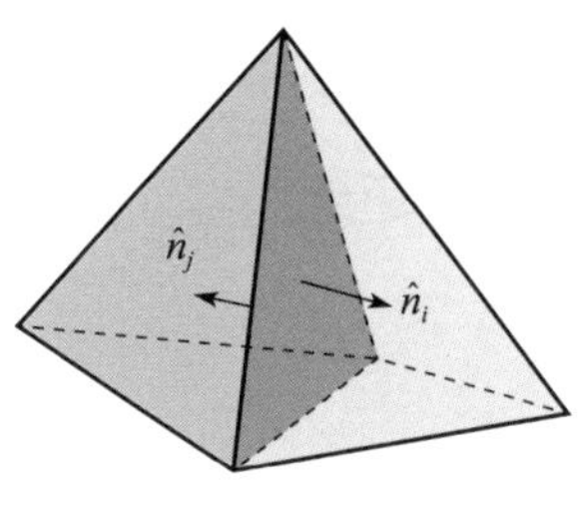

图 4-15 DGTD 法单元离散示意图

$$\boldsymbol{E}^i = \sum_{l=1}^{n} e_l^i \boldsymbol{\Phi}_l^i \tag{4-74}$$

$$\boldsymbol{H}^i = \sum_{l=1}^{n} h_l^i \boldsymbol{\Psi}_l^i \tag{4-75}$$

采用伽辽金法对式（4-72）、式（4-73）进行测试，可以得到一组弱形式的支配方程，即

$$\iiint_V \boldsymbol{\Phi}_k^i \cdot \left(\varepsilon \frac{\partial \boldsymbol{E}^i}{\partial t} + \boldsymbol{J}_s \right) \mathrm{d}V = \iiint_V \boldsymbol{H}^i \cdot (\nabla \times \boldsymbol{\Phi}_k^i) \mathrm{d}V + \oiint \boldsymbol{\Phi}_k^i \cdot (\hat{\boldsymbol{n}} \times \boldsymbol{H}^i) \mathrm{d}S \tag{4-76}$$

$$\mu \iiint_V \boldsymbol{\Psi}_k^i \cdot \frac{\partial \boldsymbol{H}^i}{\partial t} dV = -\iiint_V \nabla \times \boldsymbol{\Psi}_k^i \cdot \boldsymbol{E}^i \mathrm{d}V - \oiint \boldsymbol{\Psi}_k^i \cdot (\hat{\boldsymbol{n}} \times \boldsymbol{E}^i) \mathrm{d}S \tag{4-77}$$

式中：V 为单元 i 的体积；$\hat{\boldsymbol{n}}$ 为指向单元 i 外部的单位法向量。

式（4-76）、式（4-77）等号右边的面积分项是在单元 i 表面上的面积分，在 DGTD 法中，该面积分项通过数值通量来计算，通常采用两种形式的数值通量，一种是迎风通量，另一种是中心通量。通过对波在两种媒质的交界面上的传播和反射的物理过程进行推导，可以得到迎风通量如下：

$$\oiint \boldsymbol{\Phi}_k^i \cdot (\hat{\boldsymbol{n}} \times \boldsymbol{H}^i) \mathrm{d}S = \oiint \boldsymbol{\Phi}_k^i \cdot \left(\hat{\boldsymbol{n}} \times \frac{Z^i \boldsymbol{H}^i + Z^j \boldsymbol{H}^j}{Z^i + Z^j} \right) \mathrm{d}S + \oiint \boldsymbol{\Phi}_k^i \cdot \left(\hat{\boldsymbol{n}} \times \hat{\boldsymbol{n}} \times \frac{\boldsymbol{E}^i - \boldsymbol{E}^j}{Z^i + Z^j} \right) \mathrm{d}S \tag{4-78}$$

$$\oiint \boldsymbol{\Psi}_k^i \cdot (\hat{\boldsymbol{n}} \times \boldsymbol{E}^i) \mathrm{d}S = \oiint \boldsymbol{\Psi}_k^i \cdot \left(\hat{\boldsymbol{n}} \times \frac{Y^i \boldsymbol{E}^i + Y^j \boldsymbol{E}^j}{Y^i + Y^j} \right) \mathrm{d}S - \oiint \boldsymbol{\Psi}_k^i \cdot \left(\hat{\boldsymbol{n}} \times \hat{\boldsymbol{n}} \times \frac{\boldsymbol{H}^i - \boldsymbol{H}^j}{Y^i + Y^j} \right) \mathrm{d}S \tag{4-79}$$

式中：j 为第 i 个单元的相邻单元（图 4－15）；Z^i 为第 i 个单元的波阻抗，$Z^i=1/Y^i=\sqrt{\mu^i/\varepsilon^i}$；$Z^j$ 为第 j 个单元的波阻抗，$Z^j=1/Y^j=\sqrt{\mu^j/\varepsilon^j}$。

中心通量的形式则较为简单，即

$$\iint \boldsymbol{\Phi}_k^i \cdot (\hat{\boldsymbol{n}} \times \boldsymbol{H}^i)\mathrm{d}S = \frac{1}{2}\iint \boldsymbol{\Phi}_k^i \cdot \hat{\boldsymbol{n}} \times (\boldsymbol{H}^i + \boldsymbol{H}^j)\mathrm{d}S \tag{4-80}$$

$$\iint \boldsymbol{\Psi}_k^i \cdot (\hat{\boldsymbol{n}} \times \boldsymbol{E}^i)\mathrm{d}S = \frac{1}{2}\iint \boldsymbol{\Psi}_k^i \cdot \hat{\boldsymbol{n}} \times (\boldsymbol{E}^i + \boldsymbol{E}^j)\mathrm{d}S \tag{4-81}$$

若采用迎风通量，将式（4－78）、式（4－79）代入式（4－76）、式（4－77），并采用式（4－74）、式（4－75）对电场 $\boldsymbol{E}^i$ 和磁场 $\boldsymbol{H}^i$ 进行离散，最终 DGTD 法形成的矩阵方程可以表示为

$$\boldsymbol{M}_{\mathrm{e}}^i \frac{\partial \boldsymbol{e}^i}{\partial t} = \boldsymbol{S}_{\mathrm{e}}^i \boldsymbol{h}^i - \boldsymbol{j}^i + \boldsymbol{F}_{\mathrm{ee}}^{ii} \boldsymbol{e}^i - \boldsymbol{F}_{\mathrm{ee}}^{ij} \boldsymbol{e}^j + \boldsymbol{F}_{\mathrm{eh}}^{ii} \boldsymbol{h}^i + \boldsymbol{F}_{\mathrm{eh}}^{ij} \boldsymbol{h}^j \tag{4-82}$$

$$\boldsymbol{M}_{\mathrm{h}}^i \frac{\partial \boldsymbol{h}^i}{\partial t} = -\boldsymbol{S}_{\mathrm{h}}^i \boldsymbol{h}^i + \boldsymbol{F}_{\mathrm{hh}}^{ii} \boldsymbol{h}^i - \boldsymbol{F}_{\mathrm{hh}}^{ij} \boldsymbol{h}^j - \boldsymbol{F}_{\mathrm{he}}^{ii} \boldsymbol{e}^i - \boldsymbol{F}_{\mathrm{he}}^{ij} \boldsymbol{e}^j \tag{4-83}$$

式中：$i=1, 2, \cdots, N$；N 为将物体离散的单元总数；$\boldsymbol{M}_{\mathrm{e}}^i$ 和 $\boldsymbol{M}_{\mathrm{h}}^i$ 为质量矩阵；$\boldsymbol{S}_{\mathrm{e}}^i$ 和 $\boldsymbol{S}_{\mathrm{h}}^i$ 为刚度矩阵；$\boldsymbol{j}^i$ 为单元 i 的激励；矩阵 $\boldsymbol{F}_{\mathrm{ee}}^{ij}$、$\boldsymbol{F}_{\mathrm{eh}}^{ij}$、$\boldsymbol{F}_{\mathrm{hh}}^{ij}$、$\boldsymbol{F}_{\mathrm{he}}^{ij}$ 为单元 i 和单元 j 之间的耦合。

由于中心通量形式较为简单，此处不再赘述采用中心通量时形成的矩阵方程。

采用中心差分或龙格——库塔法，对式（4－82）和式（4－83）进行时间离散，再求解时间步进方程即可获得各个时刻的电磁场分布。

2. 利用 S 型基函数宏模型描述电路模块端口特性

根据测算融合思想，电路模块端口电压与电流可以通过测量获取，记电路模块与电磁结构相连接的端口电压与电流分别为 $v_{k,l}$ 和 $i_{k,l}$，这里下标 k 是

第 k 个端口的索引，$k=1$，2，…，N_{SBF}，N_{SBF} 是与电磁结构相连的端口总个数，下标 l 表示第 l 个时间步，$l=1$，2，…，N_t。下面介绍如何用这些端口电压与电流数据构建表征电路模块特性的宏模型。

假设第 k 个端口宏模型的构成关系为

$$\begin{cases} y_{k,l}=\boldsymbol{F}_k(\boldsymbol{\Theta}_k,\boldsymbol{x}_{k,l}) \\ y_{k,l}=i_{k,l} \\ \boldsymbol{x}_{k,l}=[i_{k,l-1},\cdots,i_{k,l-r_1},v_{k,l},v_{k,l-1},\cdots,v_{k,l-r_2}]^{\mathrm{T}} \end{cases} \tag{4-84}$$

式中：$\boldsymbol{x}_{k,l}$ 为模型输入向量，包含过去 r_1 个采样点的端口电流以及当前和过去 r_2 个采样点的端口电压；r_1 和 r_2 为宏模型的动态阶数；$y_{k,l}$ 为模型输出，对应当前采样点的端口电流；$F_k(\cdot)$ 为输入到输出的非线性映射关系；$\boldsymbol{\Theta}_k$ 为模型参数向量。宏模型动态阶数 r_1 和 r_2 可以根据电路模块的类型总结取值规律。

参数化非线性映射 $F_k(\cdot)$ 可以通过 S 型基函数展开实现，采用 S 型基函数展开得到的非线性映射 $F_k(\cdot)$ 则等价于一个单隐层前馈式神经网络，而 S 型基函数则对应该神经网络中的 S 型神经元。下面介绍采用单隐层前馈式神经网络构建宏模型的过程，单隐层前馈式神经网络的基本结构如图 4-16 所示，输入向量 $\boldsymbol{x}=[x_1, x_2, \cdots, x_r]$，经过隐层和输出层，得到输出值 y。隐层由 S 型神经元组成，对于第 j 个隐层神经元，其与输入向量相连接的权值向量为 $\boldsymbol{w}_j=[w_{j1}, w_{j2}, \cdots, w_{jr}]$，第 j 个隐层神经元的转移函数为 f，其输入为 $q_j=\boldsymbol{w}_j\cdot\boldsymbol{x}+b_j$，其中，$b_j$ 是一个标量偏置，转移函数 f 的形式为

$$f(q_j)=\frac{1}{1+\mathrm{e}^{-q_j}} \tag{4-85}$$

第 j 个隐层神经元的输出记为 a_j，假设隐层神经元的总个数为 S，矢量 $\boldsymbol{a}=[a_1, a_2, \cdots, a_S]$ 构成了输出层的输入向量，由于输出层的转移函数为线性函数，其输出值 y 可得

$$y=\boldsymbol{\beta}\cdot\boldsymbol{a}+d \tag{4-86}$$

式中：$\boldsymbol{\beta}=[\beta_1, \beta_2, \cdots, \beta_S]$ 为权重向量；d 为输出层偏置。

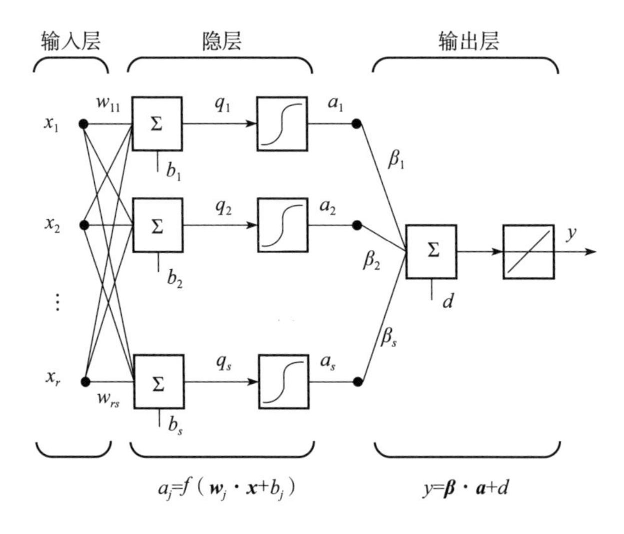

图 4-16 单隐层前馈式神经网络的基本结构

整个 SBF 宏模型可以用下列方程表示，即

$$y=\sum_{j=1}^{S}\beta_j\frac{1}{1+\mathrm{e}^{-(\boldsymbol{w}_j\cdot\boldsymbol{x}+b_j)}}+d \tag{4-87}$$

式（4-84）中的模型参数向量 $\boldsymbol{\Theta}_k$ 由 $\boldsymbol{w}_j$、b_j、$\boldsymbol{\beta}$ 和 d 构成，它们可以通过各种神经网络训练算法进行确定。

3. 电磁结构与电路模块的耦合接口

电磁部分方程与电路部分的宏模型通过端口电压、电流与电磁场量的关系进行耦合。电路模块与电磁结构接口示意图如图 4-17 所示，在电磁结构

与电路模块相连处引入一个小的矩形区域，该矩形区域的电尺寸远小于波长。

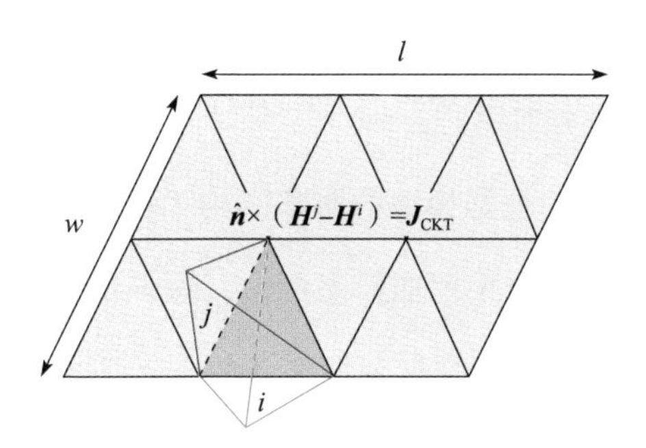

图 4－17　电路模块与电磁结构接口示意图

（1）考虑电路模块对电磁结构的影响，在电路模块与电磁结构相连处，电路模块相当于一个电流源，大小等于电路模块端口的电流值。在矩形区域上电路模块提供的面电流密度 $\boldsymbol{J}_{\mathrm{CKT}}$ 需要满足如下边界条件：

$$\hat{\boldsymbol{n}}\times(\boldsymbol{H}^{j}-\boldsymbol{H}^{i})=\boldsymbol{J}_{\mathrm{CKT}} \tag{4-88}$$

$$\hat{\boldsymbol{n}}\times(\boldsymbol{E}^{j}-\boldsymbol{E}^{i})=0 \tag{4-89}$$

在此边界条件下，式（4－78）和式（4－79）所示的数值通量相应发生改变，即

$$\iint\boldsymbol{\Phi}_{k}^{i}\cdot(\hat{\boldsymbol{n}}\times\boldsymbol{H}^{i})\mathrm{d}S=\iint\boldsymbol{\Phi}_{k}^{i}\cdot\left(\hat{\boldsymbol{n}}\times\frac{Z^{i}\boldsymbol{H}^{i}+Z^{j}\boldsymbol{H}^{j}}{Z^{i}+Z^{j}}\right)\mathrm{d}S+\iint\boldsymbol{\Phi}_{k}^{i}\cdot\left(\hat{\boldsymbol{n}}\times\hat{\boldsymbol{n}}\times\frac{\boldsymbol{E}^{i}-\boldsymbol{E}^{j}}{Z^{i}+Z^{j}}\right)\mathrm{d}S-\frac{Z^{j}}{Z^{i}+Z^{j}}\iint\boldsymbol{\Phi}_{k}^{i}\cdot\boldsymbol{J}_{\mathrm{CKT}}\mathrm{d}S \tag{4-90}$$

$$\iint\boldsymbol{\Psi}_{k}^{i}\cdot(\hat{\boldsymbol{n}}\times\boldsymbol{E}^{i})\mathrm{d}S=\iint\boldsymbol{\Psi}_{k}^{i}\cdot\left(\hat{\boldsymbol{n}}\times\frac{Y^{i}\boldsymbol{E}^{i}+Y^{j}\boldsymbol{E}^{j}}{Y^{i}+Y^{j}}\right)\mathrm{d}S-\iint\boldsymbol{\Psi}_{k}^{i}\cdot\left(\hat{\boldsymbol{n}}\times\hat{\boldsymbol{n}}\times\frac{\boldsymbol{H}^{i}-\boldsymbol{H}^{j}}{Y^{i}+Y^{j}}\right)\mathrm{d}S-\frac{1}{Y^{i}+Y^{j}}\iint\boldsymbol{\Psi}_{k}^{i}\cdot\hat{\boldsymbol{n}}\times\boldsymbol{J}_{\mathrm{CKT}}\mathrm{d}S \tag{4-91}$$

将式（4－90）、式（4－91）代入式（4－76）、式（4－77），并采用式（4－74）、式（4－75）对电场 $\boldsymbol{E}^i$ 和磁场 $\boldsymbol{H}^i$ 进行离散，可得场路耦合仿真情况下 DGTD 法形成的矩阵方程。

（2）考虑电磁结构对电路模块的影响，由于图 4－17 所示矩形区域的电尺寸远小于波长，因此可以采用准静态近似，假设该矩形区域上的电场和磁场不变，若第 i 个四面体单元的某个面在该矩形区域上，则电磁结构对电路模块提供的电压（电压值等于电路模块的端口电压）可以用第 i 个单元表面电场的线积分计算：

$$V = \int \boldsymbol{E}^i \cdot \boldsymbol{l} \mathrm{d}l \tag{4-92}$$

式中：$\boldsymbol{l}$ 为从参考电位点到电磁结构与电路模块连接处电位点的单位向量。

4.4.3　场路协同算例

基于 4.4.2 节中介绍的方法，中国电子科技集团公司电子科学研究院与西安电子科技大学天线与微波技术重点实验室联合研发了一款“基于云服务的场路协同电磁兼容仿真”软件，软件界面如图 4－18 所示，下面介绍该软件的一个典型应用案例。

微带传输线算例示意图如图 4－19 所示，该算例中有限大接地平面的长度为 2cm，宽度为 1cm，微带线的长度为 2cm，宽度为 1mm，位于地面上方 0.5mm 处，介质基板厚度为 0.5mm，介质基板的介电常数为 2，传输线输入端串接一个脉冲电压源 V_s 和电阻（$R_s = 50\Omega$），电压源输出“010101”数字脉冲信号，脉冲上升沿与下降沿均为 1ns，脉冲持续时间为 7ns，传输线输出端与数字反相器电路输入端相连。

图 4-18　“基于云服务的场路协同电磁兼容仿真”软件界面

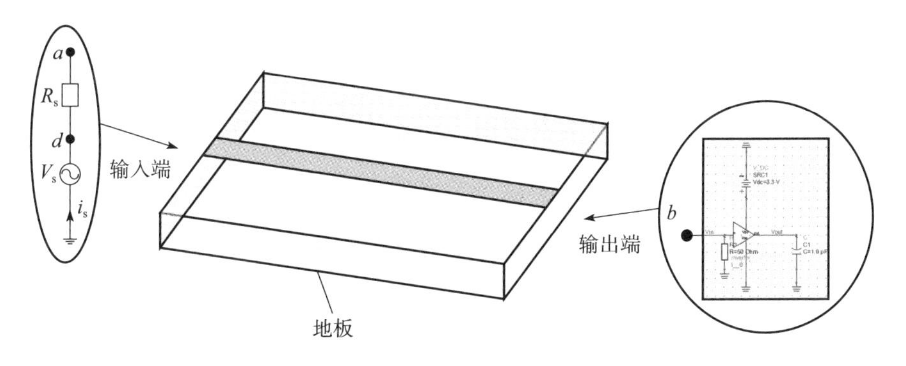

图 4-19　微带传输线算例示意图

数字反相器电路可视作黑盒子，内部细节未知，其与传输线输出端相连，输出端的电压和电流通过 ADS 仿真得到（模拟测量数据），该问题对应的 ADS 仿真电路原理图如图 4-20 所示。

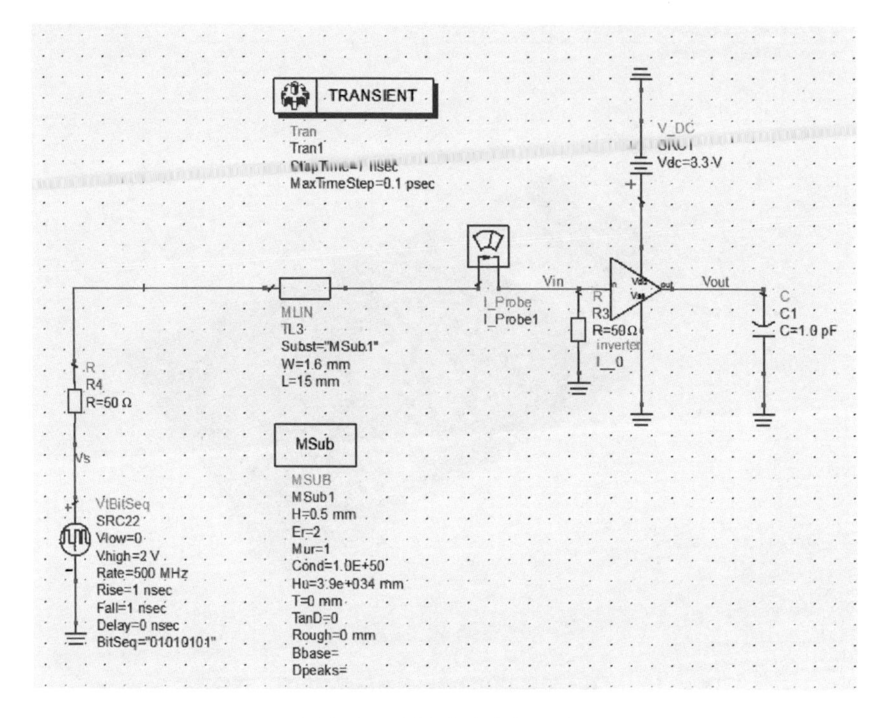

图 4-20　ADS 仿真电路原理图

先利用 ADS 原理图仿真该问题进行分析，获取输出端的电压和电流信息，这些信息一方面可以作为参考解，验证基于人工神经网络的场路耦合仿真方法的正确性；另一方面又可以将输出端电路视为黑盒子，黑盒子的端口电压电流信息为已知信息，在此基础上利用基于人工神经网络的场路耦合仿真方法进行场路一体化仿真。

图 4-21 展示了本软件通过测算融合得到的输出端的电压与 ADS 结果的对比，二者吻合良好，证明了本软件计算结果的准确性。图 4-22 展示了利用本软件获取的某时刻计算域内某平面的电场分布信息，该信息可应用于信号完整性、电磁兼容、电磁干扰问题的分析与诊断。

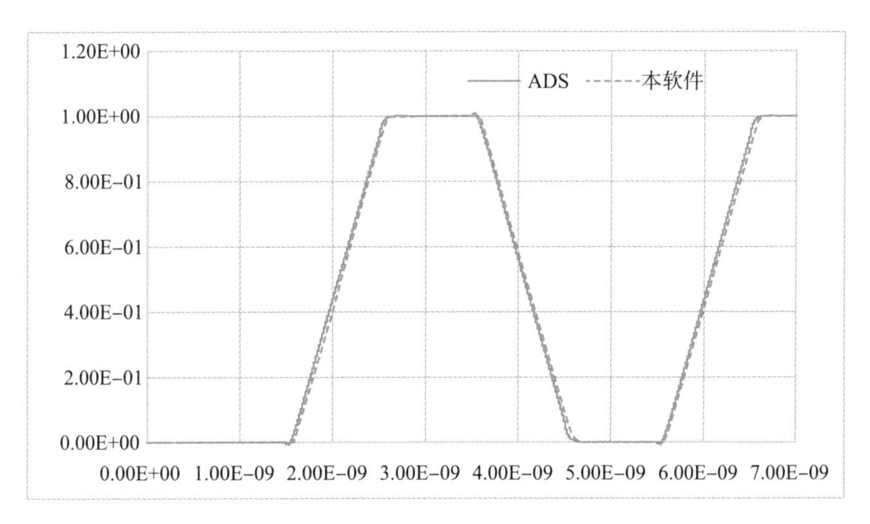

图 4-21　输出端电压（自研软件结果与 ADS 结果的对比）

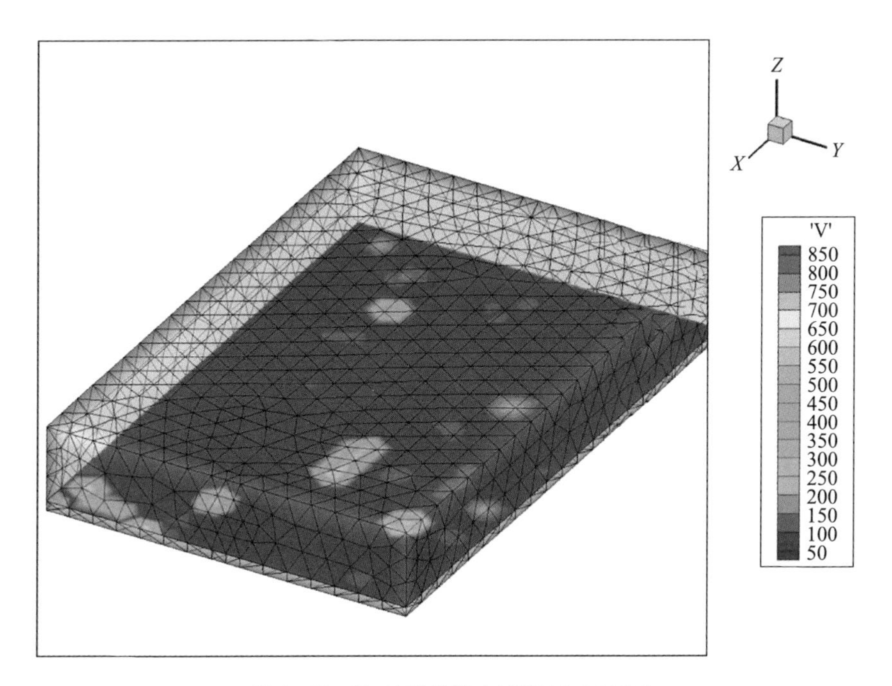

图 4-22　某时刻计算域内某平面的电场分布

第五章 05 电磁协同控制

复杂电磁环境是信息化战场的重要特征，在未来信息化条件作战中，战场复杂电磁环境将对各类信息化武器装备产生严重影响。

战场复杂电磁环境的特点为时域上突发多变、空域上纵横交错、频域上拥挤重叠。如何使网络信息体系在复杂电磁环境中达到最大作战效能，很大程度上是各参与平台占用的电磁资源和复杂电磁环境及作战行动如何匹配的问题。以往是在设计之初给功能设备（单元）分配固定的电磁资源，如时序设计、天线布局、频谱分配等。但是，这仅仅是从单一维度或者两个维度考虑，而且无法根据电磁环境变化动态调整，势必造成电磁资源的浪费。因此，面对有限的电磁资源，如何进行电磁协同控制，即如何在复杂电磁环境下对电磁资源进行有效利用和高效管理，是保障体系协同作战的关键技术。

对于网络信息体系下的电磁协同来说，测算协同是支撑，计算协同是基础，而电磁协同控制则处于电磁协同的最高层次。协同学自组织原理是进行电磁协同控制研究的基本理论工具，电磁协同控制运用自组织原理，围绕整个体系的任务和目标要求，以系统能力为牵引，提出电磁环境效应的“使能-消能”分析法：用“使能效应”表征各功能单元作用于电磁环境后给自身带来的主动性能增益，用“消能效应”表征各功能单元作用于电磁环境后给系统内其他功能单元带来的被动性能损失。通过量化复杂电磁环境效应，将电磁资源合理分配至各个子系统，建立“竞争-合作-协调”的电磁协同控制自组织运行机制，使其协同实现共同的目标，并为体系对抗中制电磁权的争夺提供有力技术支撑。

具体来说，电磁协同控制包括电磁资源监控、电磁态势生成、电磁资源分配决策、电磁协同行动等功能，电磁协同控制功能架构如图 5-1 所示。

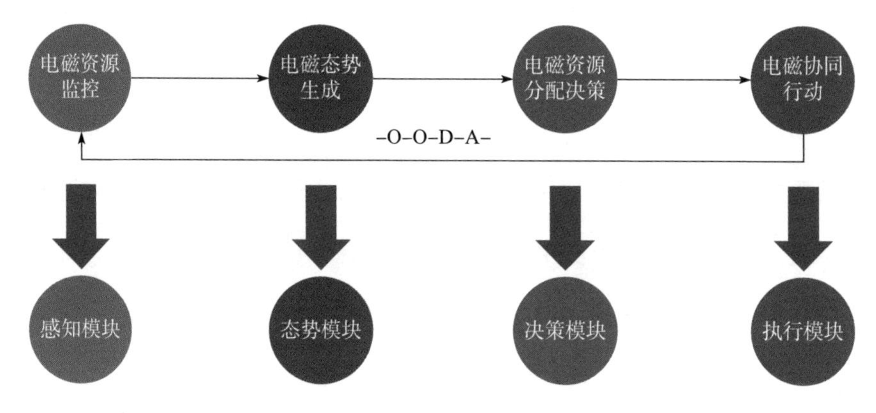

图 5-1　电磁协同控制功能架构

电磁资源监控是对各子系统的工作状态进行监控，确定子系统在运行过程中可用的电磁资源，实现战场多维信息共享，打破电磁信息孤岛无法体系使用的阻碍；电磁态势生成可实现战场电磁多维度全景地图，解决战场电磁环境掌握程度低的问题；电磁资源分配决策主要是基于任务规划，以任务目标指导资源使用，根据分析结果将可用电磁资源与子系统快速配对，解决电磁资源分配问题，提高电磁资源利用率；电磁协同行动则是根据工作时序、任务进程及资源分配决策，快速生成电磁资源控制指令，通过智能化电磁资源协同技术争夺战场制电磁权。

网络信息体系下的多功能系统电磁协同会带来比子系统单独作用更多的性能增益，这部分性能增益是各子系统协同创造的，根据“按劳分配，多劳多得”的原则，公平合理的电磁资源分配方法应是以各子系统为体系所做出的贡献为依据来分配，但各子系统的贡献并没有明确的数量。因此，本章采用“使能-消能”分析的方法，通过对网络信息体系下影响电磁环境效应的要素——“使能效应”与“消能效应”进行分析，以期对这部分贡献进行量化和具体化，并确定各子系统影响因素的权重，据此构建网络信息体系下的电磁资源分配模型，从而将电磁域协同控制问题转化为空、时、频资源分配问题，进而转化为跨维多目标优化的数学问题进行求解。该电磁协同控制逻辑架构如图 5-2 所示。

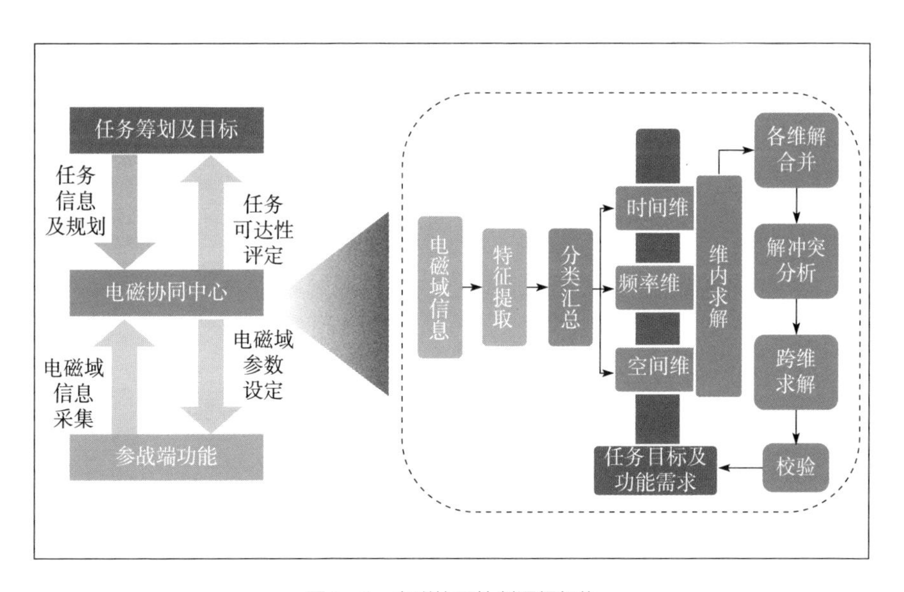

图 5-2　电磁协同控制逻辑架构

5.1　协同控制模型

网络信息体系的电磁资源分配遵循均等化原则，但均等不等同于平均，电磁资源均等化不是向所有子系统提供完全一致的资源量，它客观承认各类子系统、各类模块之间对电磁资源的需求差异，更多地强调子系统获取电磁资源过程中的均等机会和共享制度，向所有子系统提供一定标准之上的电磁资源。

由于电子设备的飞速发展，占用了越来越多的电磁资源，数据繁多且杂乱无章。电磁资源以往单一的、片面的分配方式只能够使数据呈现二维模式，有时会影响人员的判断，不能够直观地看出结果。另外，长期以来靠人为进行数据分析和决策会有很多不足，推算出来的各种情境和数据都是依据人员的经验和有限的数据来判断，主观能动性的作用较大。信息量过大、筛选力度不完善、无法建构模型等原因，导致很难预测资源分配的结果，在很大程度上降低了决策的水平。所以，判断出来的结果具有不稳定性和不确定性，这必然导致结果出现更多的弊端，存在着不能及时预测风险的问题。

为了提高电磁资源管理的精准度，引入了理科概念当中的相空间思维模式，依据多维相空间进行电磁资源数据的采集和分析，对资源使用情况进行监控和调整，真正做到落实和实施决策。

相空间重构，准确来说，是把事物放在一个非线性的系统上，根据原有的公式设有参数和维数，在一定的范围内，一种变量的变化会引起其他变量改变，而这些相关的信息就隐藏在其中一种或几种变量中，想要观察其中的数据和演变，就必须在系统中统筹查看。一个系统在某一时刻的状态就可以称为相，而它所对应的几何空间称为相空间。根据相空间基本理论建立模型，把所了解到的变量和不变量置于坐标轴当中，在原有的基础上挪动每一个系数点，探究系统整体的发展和变化，根据公式就能推算出整个系统的演化结果，以便提前进行决策。

在网络信息体系的多维驱动自组织架构中采用相空间的理论基础，利用相关设备建立电磁资源协同三维立体空间虚拟模型，如图 5－3 所示。利用一切可以应用的感知系统进行数据收集，把网络信息体系下多功能系统原有的基本电磁资源使用信息进行统合整理，采用三维立体空间导入相关数据，把多功能系统中各子系统的资源占用量分为不同立方体。类似三维俄罗斯方块，不同的颜色代表不同的功能，在坐标中添加电磁资源占用立方体图，坐标轴上每一个系数点都有相对应的电磁资源最小划分单元。把电磁资源的每一个坐标系列呈现在系统当中，通过不断地控制和计算，标出问题所在，并能够切分出电磁资源协同二维平面图（图 5－4）供给决策系统全方位分析计算。在该模型中统筹分配三个维度的资源，使限定范围内空余资源最少，以达到资源利用率最大化。

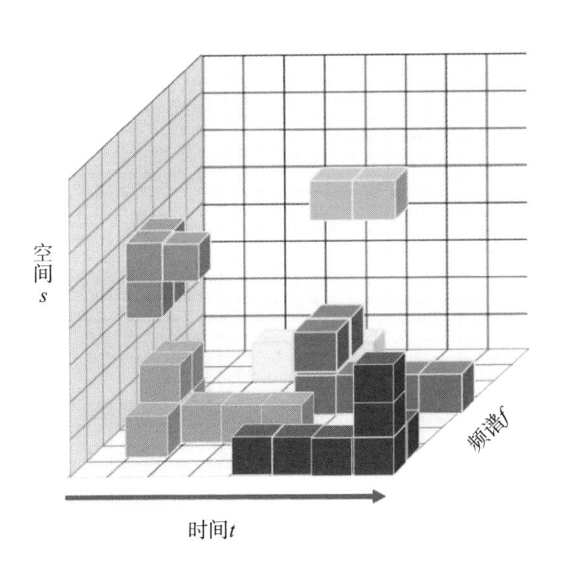

图 5－3　电磁资源协同三维立体空间虚拟模型

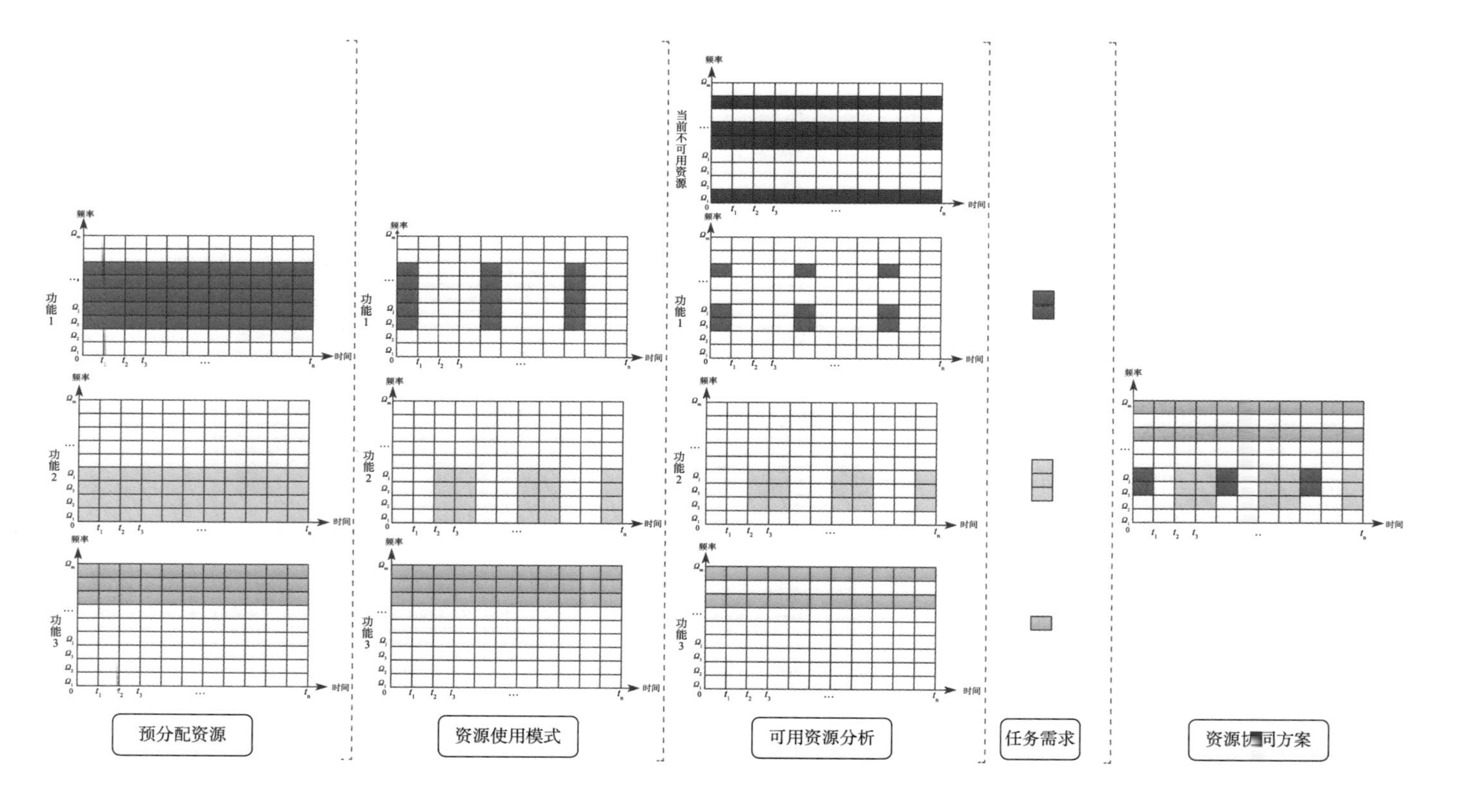

图 5-4 电磁资源协同二维平面图

多维协同驱动自组织架构引入相空间理论的优点。

（1）有利于虚拟建构模型，直观呈现数据；

（2）有利于精准分析电磁资源使用情况，提高决策效率；

（3）有利于建构新的电磁资源管理模式，促进电磁协同。

提高电磁资源利用率，减少空置资源浪费已成为我们追求的目标。利用相空间思维是其中重要的手段，在立体空间的引导下，通过多维相空间系统可以有效地监测电磁资源中的空间资源、时间资源、频谱资源各自的使用情况，根据资源分配决策的不同模拟出不同的模型，实现电磁资源多维精细分配，全面提升电磁资源管控水平。

5.2　协同控制方法

针对电磁资源利用率较低的现状以及对复杂电磁环境效应研究的局限性，本节提出电磁环境效应中“使能效应”与“消能效应”的概念，揭示二者在网络信息体系中对立统一的客观规律。在此基础上，提出“使能-消能”分析法并建立数学模型，直接以系统能力为研究对象来量化反映复杂电磁环境效应。该分析法具有突出的技术发展优势，使得系统环境适应性的优化设计、体系电磁资源的动态分配、电磁攻防的战术布置实施都更有针对性，可以为大型网络信息体系的电磁协同控制和体系对抗中争夺制电磁权提供有力的技术支撑。

5.2.1　“使能”与“消能”概念

基于对网络信息体系物理层系统能力的作用效果，系统电磁环境效应可以分为“使能效应”与“消能效应”两个分支概念。

使能效应表征了系统内各功能单元或子系统作用于电磁环境后给自身带来的主动性能增益。例如，系统中的雷达探测模块提高自身的天线阵增益，作用于电磁环境后，主波束指向的辐射电磁场功率密度提高，从而提高了雷达探测的作用距离；系统中的无线通信模块采取跳频-扩频模式实现通信，作用于电磁环境后，射频信号的频带展宽，从而提高了通信质量和抗干扰能力。

消能效应表征了系统内各功能单元或子系统作用于电磁环境后给系统内其他功能单元或子系统带来的被动性能损失。例如，系统中的雷达探测模块发射探测信号，作用于电磁环境后，在系统所处的空间内也形成了一定强度的电磁场分布，若系统内同时设有电子侦察设备，则此时侦察同频段外部射频信号将受到本系统雷达信号压制，从而使该时段、该频段的电子侦察性能下降。

从物理层上看，功能单元或子系统本身的性能增益与自身占用的电磁资源成正比，扩展电磁资源使用的广度、深度和灵活度正是当前电子信息系统内各功能单元或子系统提升自身性能的重要途径之一。但是，从另一个角度看，全系统资源共享条件下，单一功能模块或子系统使用资源的扩展必然引起其他设备或子系统资源使用空间受到挤压，从而间接对其性能带来一定程度的损失。这种现象即为系统电磁环境“使能效应”与“消能效应”的对立关系。

整个系统在复杂电磁环境中的实际能力，或者落实到物理层的性能，显然是其下各功能模块或子系统“使能效应”与“消能效应”综合作用的结果：当以其中一种效应的优化为唯一目标并超出一定范围时，另一种效应的恶化效果反而将主导系统的综合表现下降，只有当“使能效应”与“消能效应”满足某种平衡条件时，各功能单元或子系统才能同时满足系统要求，而整个系统的能力才能实现最大化。该现象即为系统电磁环境“使能效应”与“消能效应”的统一关系。

5.2.2 “使能-消能”分析法建模

“使能效应”与“消能效应”是系统电磁环境效应的一体两面，而“使能-消能”对立统一关系则是网络信息体系电磁环境效应的客观规律。围绕系统电磁环境效应的“使能-消能”对立统一关系，可以建立一套相应的数学分析方法，该方法以系统内各功能模块或子系统的“使能效应”与“消能效应”为自变量，以系统能力为最终分析结果，直接以系统能力为研究对象来量化反映复杂电磁环境效应。

1. 系统能力模型

从顶层评估系统能力，即应用层或信息层的系统能力，方具有参考价值，而电磁环境则是直接作用于物理层。因此，依据系统法设计原则，“使能-消能”分析法建模首先要完成系统能力应用层/信息层与物理层之间的双向建模。

（1）提出系统能力矢量的概念，该矢量的每一个分量为系统中每个单一功能模块或子系统在系统中的性能。该矢量的模则为系统能力的量化值，建模过程概括为

$$\begin{cases}\mathbf{Perf} = (\mathrm{Perf}_1, \mathrm{Perf}_2, \cdots, \mathrm{Perf}_n, \cdots, \mathrm{Perf}_N) \\ \mathrm{Perf}_s = |\mathbf{Perf}|\end{cases} \tag{5-1}$$

式中：$\mathbf{Perf}$ 为系统能力矢量；Perf_s 为系统能力量化值；Perf_n 为单一功能模块或子系统 n 在系统中的性能；N 为功能模块或子系统个数。

（2）定义单一功能模块或子系统在系统中性能在应用层/信息层与物理层之间的映射函数 f 与逆函数 f^{-1}，实现系统能力在各层间的相互转换建模过程可概括为

$$\begin{cases}\mathrm{Perf}_n^t = f(\mathrm{Perf}_n^b) \\ \mathrm{Perf}_n^b = f^{-1}(\mathrm{Perf}_n^t)\end{cases} \tag{5-2}$$

式中：Perf_n^t 为单一功能模块或子系统 n 在系统中的应用层/信息层性能；Perf_n^b 为

单一功能模块或子系统 n 在系统中的物理层性能。

以上即完成了“使能-消能”分析法的系统能力建模。

2. 单一功能模块或子系统的对立统一基本模型

系统电磁环境的“使能效应”与“消能效应”均通过各单一功能模块或子系统直接作用，因此“使能-消能”对立统一关系应先在单一功能模块或子系统上完成建模。

（1）依据概念建立“使能效应”与“消能效应”模型，二者是最终电磁环境效应分析的基本自变量，同时又是空、时、频的函数，其中空、时、频是从电磁域层面界定了系统的应用场景。

（2）在正确的电磁兼容设计下，单个功能模块或子系统不存在产生的增益小于负作用的现象，因此，用正和博弈关系表征单个功能模块或子系统“使能-消能”的对立关系。

（3）用单个功能模块或子系统的“使能效应”与“消能效应”的乘积表示该单个模块或子系统对系统的贡献，其值域范围体现“使能-消能”的统一关系。

以上建模过程概括为

$$\begin{cases} 0 \leqslant \text{Gain}(s,t,f) - \dfrac{1}{\text{Loss}(s,t,f)} \leqslant \text{UL} \\ \text{C2S} = \text{Gain}(s,t,f) \cdot \text{Loss}(s,t,f) \end{cases} \tag{5-3}$$

式中：s 为空间变量；t 为时间变量；f 为频率变量；Gain 为功能模块或子系统的“使能效应”增益；Loss 为功能模块或子系统的“消能效应”损耗；UL 为“使能-消能”正和博弈极限；C2S 为功能模块或子系统对系统的贡献。

3. 综合系统的对立统一扩展模型

网络信息体系在复杂电磁环境中的系统能力是“使能-消能”分析法的

研究对象，因此对立统一模型需要完成从单一功能模块或子系统向综合系统整体，即复杂环境的扩展。

（1）将系统中所有功能单元或子系统对自身的“使能效应”定义为 Gain_{ii}，对其他功能单元或子系统的“消能效应”定义为 Loss_{ij}，扩展生成“使能-消能”矩阵 $\boldsymbol{G}-\boldsymbol{L}_{\mathrm{mat}}$。

（2）将某一个外部环境定义为仅对系统内功能模块或子系统存在“消能效应”的特殊虚拟模块，其“消能效应”函数由对该环境的独立分析结果确定。

（3）以“使能-消能”矩阵 $\boldsymbol{G}-\boldsymbol{L}_{\mathrm{mat}}$ 的第 i 列向量的乘积作为功能单元 i 在系统中的物理层实际性能。

以上建模过程概括为

$$
\begin{cases}
\boldsymbol{G}-\boldsymbol{L}_{\mathrm{mat}}=\begin{bmatrix}
\mathrm{Gain}_{11} & \mathrm{Loss}_{12} & \cdots & \mathrm{Loss}_{1i} & \cdots & \mathrm{Loss}_{1N}\\
\mathrm{Loss}_{21} & \mathrm{Gain}_{22} & \cdots & \mathrm{Loss}_{2i} & \cdots & \mathrm{Loss}_{2N}\\
\vdots & \vdots & & \vdots & & \vdots\\
\mathrm{Loss}_{i1} & \mathrm{Loss}_{i2} & \cdots & \mathrm{Gain}_{ii} & \cdots & \mathrm{Loss}_{iN}\\
\vdots & \vdots & & \vdots & & \vdots\\
\mathrm{Loss}_{N1} & \mathrm{Loss}_{N2} & \cdots & \mathrm{Loss}_{Ni} & \cdots & \mathrm{Gain}_{NN}\\
\mathrm{Loss}_{N+1,1} & \mathrm{Loss}_{N+1,2} & \cdots & \mathrm{Loss}_{N+1,i} & \cdots & \mathrm{Loss}_{N+1,N}\\
\vdots & \vdots & & \vdots & & \vdots\\
\mathrm{Loss}_{N+M,1} & \mathrm{Loss}_{N+M,2} & \cdots & \mathrm{Loss}_{N+M,i} & \cdots & \mathrm{Loss}_{N+M,N}
\end{bmatrix}\\
\mathrm{Perf}_i^b=\prod_m^{N+M}\boldsymbol{G}-\boldsymbol{L}_{\mathrm{mat}}(:,i)
\end{cases}
\tag{5-4}
$$

式中：其他符号的概念已在前面介绍过，在此仅提醒：$\boldsymbol{G}-\boldsymbol{L}_{\mathrm{mat}}(:,i)$ 为“使能-消能”矩阵的第 i 列列向量。

5.2.3 “使能-消能”分析法的优势

“使能-消能”分析法给出了一套以系统能力为直接研究对象来进行电磁协同控制的数学分析体系，该体系在系统电磁环境效应的研究与应用上具有以下优势。

（1）对系统电磁环境效应描述完备。通过正确地设置“使能-消能”矩阵，该分析法既能反映外部辐射源对系统的影响，又能反映系统内部的相互影响，同时电子战中两个甚至多个对立系统间的电磁域对抗情况也可以通过多系统模型间的模型迭代更新实现分析。

（2）揭示“使能-消能”对立统一客观规律。“使能-消能”对立统一基本模型的建立，从数学上描述了使能效应与消能效应此消彼长、共同作用于功能模块或子系统对系统的贡献的过程，证明了“使能-消能”对立统一关系是电磁环境效应对网络信息体系能力作用的本质，揭示了“使能-消能”的平衡控制在系统电磁环境效应工程方法中的核心地位。

（3）评估优化系统能力的可操作性强。“使能-消能”对立统一扩展模型的建立，为复杂电磁环境对系统能力的影响提供了明确的自变量与应变量，结合适当的数学算法即可实现准确的评估和有效的寻优。为网络信息体系的电磁协同控制提供了有力的数学工具。

（4）具有系统的可扩展性。未来的信息系统和战争形态中，系统的构成将变得非常灵活，向上多个系统可以作为子系统构成一个更大的作战体系，向下一个功能模块的性能又可能随技术更迭发展为多个子功能性能的综合，而以上两个方向系统的扩展在“使能-消能”分析法中只需要将式（5-1）中相应层级的系统能力标量扩展为矢量即可实现。

（5）具有兼容先进的信息技术的潜力。该分析法在确立系统的数学模型后，即具备与大数据分析与机器学习技术相兼容的能力，面对大系统与复杂环境的问题，将能突破由人主导电磁域设计、评估和使用中资源分配带来的主观性和计算能力、速度的局限性。

运用“使能-消能”分析法，可求出多个子系统参与下的网络信息体系中各成员在正和博弈结构下对体系贡献最大的最优调控策略，并给出了子系统之间根据各自对体系的贡献来分配电磁资源的方案。

5.3　跨维多目标优化求解

电磁协同控制的物理本质是时间、空间、频率等资源最优分配问题，其数学本质是跨维多目标优化问题。多目标优化问题由设计变量、目标函数、约束条件组成。通信问题中干扰控制模型、电磁兼容问题中的最小功能边界、有限资源池等都可以视作约束条件。

实际中的多目标优化问题通常没有绝对最优解。求解这种问题的基本方法有交互法、直接法与间接法。交互法不先求出很多非劣解，而是通过分析者与决策者对话的方式，逐步求出最终解。直接法是首先直接求出大量的非劣解；然后选择能够较好地满足需求的非劣解。间接法则要求决策者提供目标之间的相对重要程度，并以此为依据，将多目标问题转化为单目标问题进行求解。间接法包括评价函数法、目标函数关联法、统一目标法（包括各类加权方法）、分层序列法、功效系数法、极小极大法等。

单目标优化问题离散化后的资源变量可以限制为 1（分配）或 0（不分配），所以自组织协同优化问题是典型的整数规划问题，属于非确定性多项式时间（non-deterministic polynomial-time hard，NP）问题。传统优化方法采用精确算法（包括解析法、数值方法）去求其最优解的计算复杂度是不现实的，通常研究不同的近似算法来求解该优化问题，相关算法可分为以下两类。

1）基于图论以及基于贪婪思想的启发式算法

该算法主要包括贪婪算法、颜色敏感图着色算法、经济学中的拍卖方法等，是一种求解最优化问题的最直接的设计算法，它的主要思想是在每一步选择中都采取在当前状态下最好或最优（最有利）的选择，从而希望导致结果是最好或最优的。这类算法的优点是容易设计，求解复杂度相对较低，迭代步数受到变量个数的限制，能够保证收敛性，缺点是没有测试所有的可能解，无法确保得到最优解。

该类算法适用于对实时性要求比较高的场景，如战场环境复杂多变的作战任务执行阶段中的协同控制。

2）基于智能优化的算法

该算法主要包括遗传算法、量子遗传算法和粒子群算法、模拟退火算法等。智能优化算法是模仿自然界或生物界规律而设计的求解问题的算法，它对目标函数和约束函数的要求较为宽松，从问题的一个初始解出发，通过模仿自然界种群的进化过程来实现优化过程，即经过较多次数的迭代可以达到一个近似的全局最优解。该类算法在面对大规模复杂网络系统时，由于复杂度较高、耗时较多，难以做到实时动态地求解，通常只适用于较为简单的局部的自组织协同系统，或者适用于战略层面的对实时性要求低的自组织协同问题（如飞机电磁兼容设计和战前组织协同方案、战前的静态频谱规划方案）。

5.4 应用案例

无人机蜂群作战系统是未来体系作战中不可忽视的重要组成部分，由于无人机蜂群具有运动的机动性、载荷的灵活性、使用的多样性等特点，无人机蜂群作战体系将越来越受到重视。无人机蜂群通过与空中有人平台的协同以及无人平台间的自主协同，完成对目标的侦察、监视、干扰、打击和评估，实现体系作战能力。因此无人机蜂群作战系统具有快速到达、部署灵活、价格低廉、数量众多、抗毁性强、突防性强、可饱和攻击等特点。无人机蜂群依靠搭载的可自定义的不同载荷实现不同作战功能，可针对敌军高价值目标形成非对称作战优势，进而实现最终的作战目标。

美国最先开展无人系统相关技术的研究，在无人系统军事应用领域处于相对领先的位置。经过多年的研究与论证，美军已经将无人机/无人系统蜂群作战作为一个重要研究方向，正通过顶层设计、项目规划、理论研究、关键技术攻关和演示验证等促进这一方向的快速发展。

美国是最早研制无人机的国家之一，同时也是在战争中使用无人机最多的国家。在无人机集群方面，美国也是进行相关研究最多的国家。2016 年 5 月 17 日，美国空军正式发布了未来 20 年小型无人机系统（SUAS）路线图《2016—2036 年小型无人机系统飞行规划》，在规划中。

（1）提出美国空军应集成以空军人员为中心的 SUAS 家族，并通过日常制度安排使之成为横跨美国空军航空、太空、网空三大作战域的指数级力量倍增器。

（2）SUAS 将成为空军监视与侦察的基础，满足未来在宽松和强对抗环境中的需求。

（3）SUAS 将支持编组、蜂群、忠诚僚机等新作战概念。

美国凭借先进的军事科技和大量的资金投入，在无人机领域处于遥遥领先的地位。在美国国防部的统一领导下，美国国防高级研究计划局、战略能力办公室，以及空军、海军等都开展了大量的研究和论证工作，启动了多个项目，并开展了相应的研究与试验。这些项目在功能上相互独立、各有侧重，在体系上又互为补充，融合发展。相关项目主要包括“小精灵”（Gremlins）项目、开放式系统架构技术项目、低成本无人机蜂群技术项目、微型无人机高速发射演示项目、拒止环境中的协同作战（CODE）项目等。

2014 年，美国国防高级研究计划局（DARPA）提出“拒止环境中的协同作战”项目（图 5-5）。CODE 项目主要关注以下四个领域：

（1）在惯常和反常环境中，针对无人机的子系统、设备和飞行发展自主能力；

（2）发展人机接口，使任务指挥官可以保持态势感知能力，动态地定义任务目标和问题、监控作战进程和同时为数架无人机提供重要的输入，动态地调控射频资源和功能；

（3）发展无人机编队等级的自主能力，包括发展和保持通用的作战环境图像，帮助构想协同行动计划，使每一个参战的无人机都能发挥最大效能；

（4）为无人机协同开发开放式架构，帮助指挥官保持态势感知能力，在电磁干扰、通信困难、恶劣天气和其他不利环境中控制无人机。

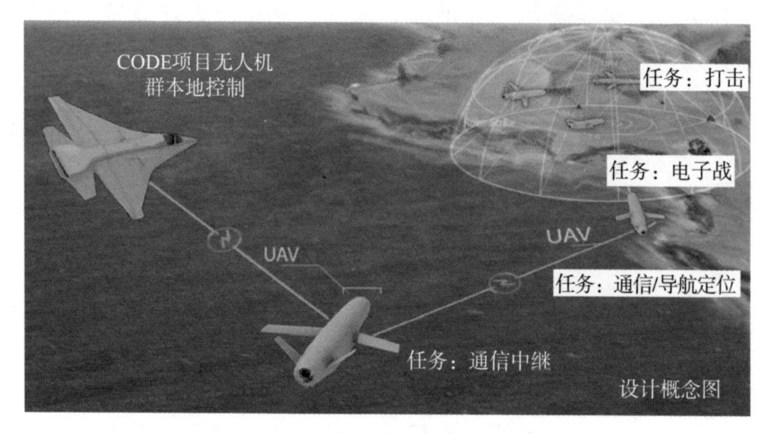

图 5-5　CODE 项目

DARPA 提出的“体系集成技术试验”项目（SoSITE），如图 5-6 所示，旨在基于现有装备，实现各类机载系统和武器即插即用，提升作战灵活性。

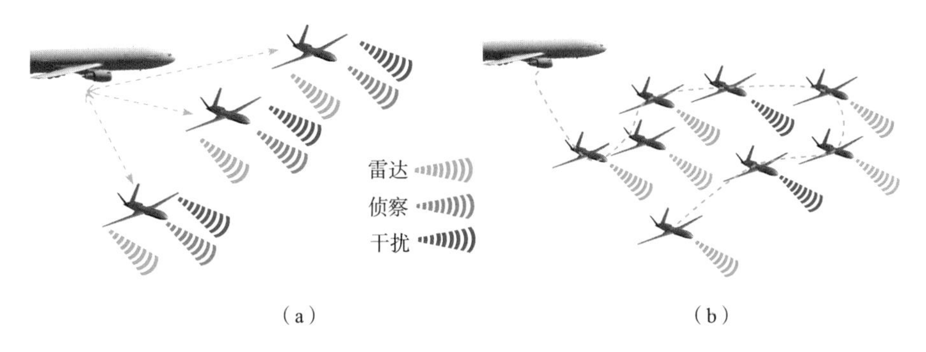

图 5-6　SoSITE 项目

通过一体化快拆射频功能模块方案进行无人机载荷的高效利用。如图 5-7 所示，当无人机蜂群各个作战单元均为一致单元时，每架无人机均需要搭载全段天线及一体化前端，但在不同的任务阶段，各个作战单元所使用的功能及天线频段是单一的，这就造成机身上其他天线硬件资源变为“累赘”。

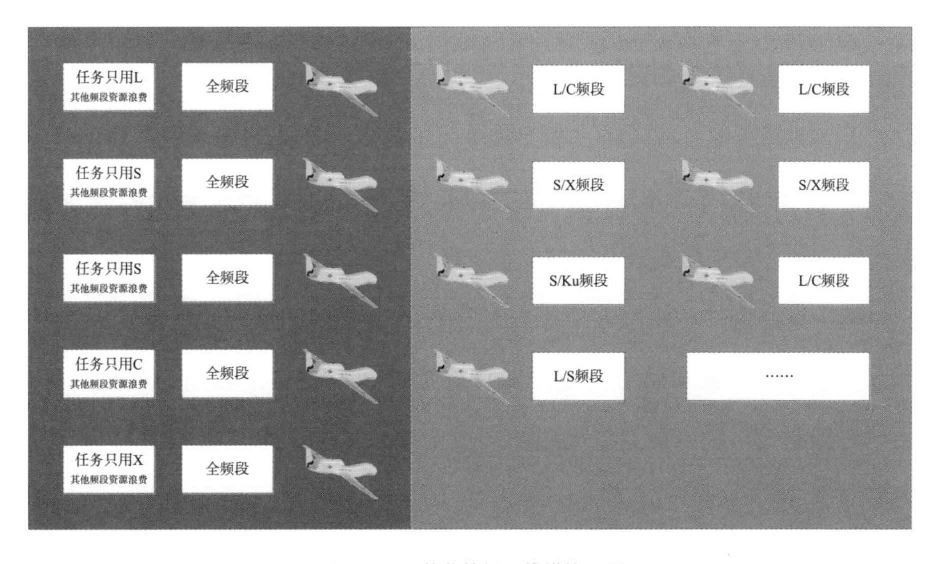

图 5-7　一体化快拆天线模块配置

因此，可利用一体化快拆前端进行优化，即将全频段覆盖化整为零。统一无人机搭载天线载荷的孔径，针对相同的孔径进行各个频段的一体化设计，将各个专用频段一体化天线与侦-干-探-通一体化前端高度集成。

在任务规划阶段，依据任务需求及分析作战条件，快速对集群装配相应的一体化快拆天线模块及射频前端，依据当前有限的电磁资源，协同调控相应的作战单元的传感器配置，最终完成相应的作战任务。在这种方式下，各个作战单元的电磁资源利用率达到最高。

统一平台快拆孔径后，可根据 L、S、C、X、Ku 频段或任意搭配或单独使用，并搭配相应数量的射频通道。实现单机在不同频段的侦-干-探-通一体化协同调配，无人机蜂群在全频段的侦-干-探-通一体化协同调配。

依据任务规划阶段对任务的分解及不同阶段的射频使用需求，进行功能及频段的定义，对无人机蜂群各作战单元功能的使用边界进行规划，对应安装满足需求的快拆一体化前端（射频前端及天线）。作战过程中，通过作战资源协同，对蜂群整体的资源及功能进行重构适配。任务规划与执行阶段资源协同调配具体流程如图 5-8 所示。

无人机蜂群体系战斗中，各参战单元依据目标任务动态调度宽频带一体化侦-干-探-通设备形成体系作战能力，为支撑这种分布式作战样式，需要电磁协同在体系中形成以下能力。

基于探测感知和组网通信能力升级对分布式传感器搜集的底层数据中有效信息进行挖掘和整合，形成对资源指配和作战决策有用的态势信息，如电磁威胁分析预警能力、电磁协同故障定位能力、电磁攻击目标捕获能力等。

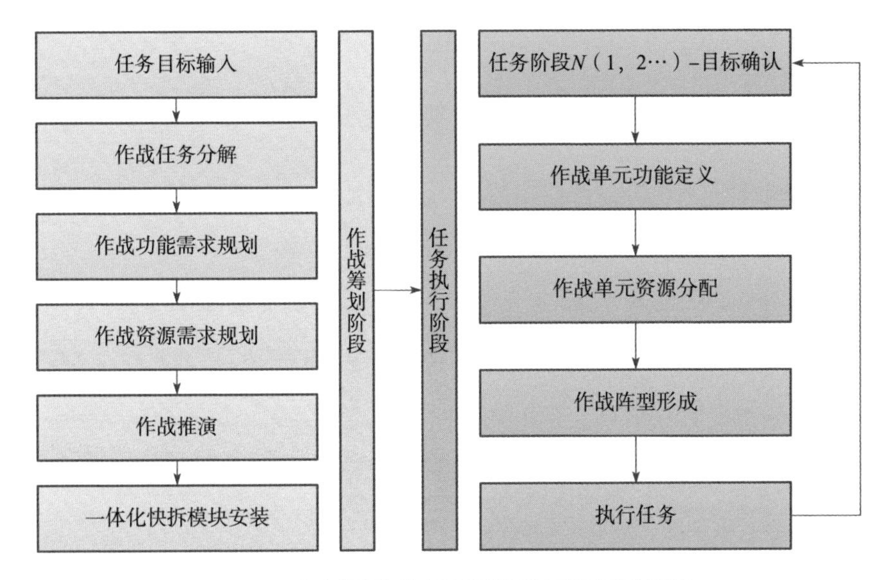

图 5-8　任务规划与执行阶段资源协同调配具体流程

基于无人机蜂群的分布式自适应用频协同能力包括战斗用频规划方案的生成能力、高机动用频调整方案的生成能力、协同体系随遇组网能力（协同成员随遇接入能力、管理权限随遇调整能力）。

针对无人机蜂群协同作战需求，通过电磁资源的高效利用实现多单元、多功能、可重构系统的相互作用产生蜂群群体能力增强效应，同时，即插即用的作战载荷使用方式也能最大限度地解决某一些功能丧失后的功能弥补。

综上所述，面向任务的无人机蜂群电磁协同，将从时间维、空间维、频率维对任务所需电子功能进行动态配置，重点突破电磁频谱智能管控技术、多维电磁协同管控算法，进而基于协同结果对一体化前端进行功能配置，满足未来无人集群对抗作战资源调配的需求。以电磁协同为手段，提高电磁资源利用率，使无人机蜂群整体作战能力增强，进而达到无人机蜂群作战体系的最佳状态。

参考文献

[1] 哈肯．协同学：大自然构成的奥秘［M］．凌复华，译．上海：上海译文出版社，2005.

[2] 哈肯．高等协同学［M］．郭治安，译．北京：科学出版社，1989.

[3] 哈肯．协同学［M］．徐锡申，陈式刚，陈雅深，等译．北京：原子能出版社，1984.

[4] 杨小川，毛仲君，姜久龙，等．美国作战概念与武器装备发展历程及趋势分析［J］．飞航导弹，2021（2）：88－93.

[5] 石稼．国庆70周年阅兵先进武器大盘点——“空中利剑”［J］．时政，2020，（3）：30－39.

[6] 唐晓斌，高斌，张玉．系统电磁兼容工程设计技术［M］．北京：国防工业出版社，2016.

[7] 王长清．现代计算电磁学基础［M］．北京：北京大学出版社，2005.

[8] Yee K. Numerical solution of initial boundary value problems involving Maxwell’s equations in isotropic media［J］. IEEE Trans. Antennas Propagat，1966，14（3）：302－307.

[9] Harrington R. Field computation by moment methods［M］. The Macmullan Company，1968.

[10] 张欢欢，姜立军，李平．计算电磁学中的场路协同仿真方法综述［J］．安徽大学学报（自然科学版），2017，041（004）：1－9.

[11] 唐晓斌，曹佳．论电磁环境“使能-消能”效应在综合电子信息系统中的对立统一［J］．中国电子科学研究院学报，2019，3（3）：221－224.

[12] 洪家财，侯孝民．美军电磁环境效应研究启示［J］．装备指挥技术学院学报，2009，20（3）：10－13.

[13] 高斌，唐晓斌，彭益，等．复杂电磁环境下的数据链资源分配技术研究［J］．中国电子科学研究院学报，2010，5（3）：248－252.

[14] 刘尚合．武器装备的电磁环境效应及其发展趋势［J］．装备指挥技术学院学报，2005，16（1）：1－6.

[15] 汪连栋，胡明明，高磊，等．电子信息系统复杂电磁环境效应研究初探［J］．航天电子对抗，2013，29（5）：23－25.

[16] 徐金华，刘光斌．基于灰色层次分析法的战场电磁环境效应评估［J］．电光与控制，2010，17（4）：14－16.